U0289162

基金项目：动态系统理论下垦区人才英语能力磨蚀研究
（黑龙江八一农垦大学校内培育课题资助计划，XRW2017-11）

农业人才英语能力培养研究

高丹◎著

吉林出版集团股份有限公司

图书在版编目（CIP）数据

农业人才英语能力培养研究 / 高丹著 . — 长春：
吉林出版集团股份有限公司 , 2020.4

ISBN 978-7-5581-8315-7

Ⅰ . ①农… Ⅱ . ①高… Ⅲ . ①农业—英语—人才培养
—研究 Ⅳ . ① S

中国版本图书馆CIP数据核字(2020)第048495号

农业人才英语能力培养研究

著　　者	高　丹	
责任编辑	齐　琳　李晓华	
封面设计	邢海燕	
开　　本	710mm×1000mm　1/16	
字　　数	160千	
印　　张	10	
版　　次	2020年4月第1版	
印　　次	2020年4月第1次印刷	
出　　版	吉林出版集团股份有限公司	
电　　话	总编办：010—63109269	
	发行部：010—67482953	
印　　刷	河北盛世彩捷印刷有限公司	

ISBN 978-7-5581-8315-7　　　　　定价：58.00 元

前言

黑龙江垦区是我国三大垦区之一，历经半个多世纪的建设和发展，目前已经成为我国重要的商品粮基地、粮食战略后备基地和全国最大的绿色、有机、无公害食品基地。我国加入WTO之后，加快了对外开放的脚步，越来越多的企业跨入国际化的发展。黑龙江垦区处于经济全球化的时代中，面对竞争愈发激烈的国际环境和不可或缺的国际交往，对于英语人才的需求亦是尤为迫切。

作为农业高等院校，为了向垦区输送复合应用型人才，现代农业背景下英语人才的培养，一方面要从社会需要出发，以现代农业发展对人才的培养要求为依据；另一方面必须以素质教育思想为指导，从人才培养的各个环节入手构建完整的人才培养体系。通过准确定位人才培养目标，改造传统专业，优化课程体系构建适应现代农业发展的人才培养方案；以强化师资队伍建设，改革教学内容、教学方法和教学手段去完善人才培养过程；大力推进素质教育，培养学生的创新精神与创新能力，提高学生的全面素质和自我发展能力；不断深化教学管理改革，建立更加和谐的教与学关系，为人才培养营造良好的内外部环境。

农业院校教育主要是培养应用型农业人才，这就对农业院校英语教学质量提出了很高的要求。改革开放以来，社会和市场对于人才的要求标准越来越高，农业院校英语教学质量并不能完全适应社会的发展，而且教学内容与实际需求相差较远，缺乏针对性和实用性。教学模式依然无法摆脱传统模式，方法单一，教师灌输知识，学生被动学习，不注重听说，导致农业院校英语毕业生难以达到各大企业对人才的要求标准。

农业院校生源较为复杂，学生学习水平参差不齐，基础不一致，有些学生的英语基础较好，有些学生的英语基础很差，如果教学方法不当，学生很容易产生厌学心理。英语教学应根据学生的实际情况因材施教，词汇量不足的学生要补足词汇量，否则在今后的学习当中会影响他们进一步掌握英语的程度；表达能力不佳的学生要着重培养他们的听、说、读、写的能力，及时纠正语音不准或语法错误。

由于教学模式单一，大多数学生被动地去学习，教师并没有为其创造真正适合学习英语的环境。用中国式思维去学习英语，缺乏感情和体验因素，大大制约了学生运用英语语言思维的能力。

因此，基于上述缘由，《农业人才英语能力培养研究》一书应需而生。本书系黑龙江八一农垦大学校内培育课题《动态系统理论下垦区人才英语能力磨蚀研究》（编号：XRW2017-11）研究成果，由黑龙江八一农垦大学高丹撰写。本书共八章，约14万字，本书主要阐述了农业人才英语能力培养的背景阐述、农业人才英语能力培养的现状对策、农业人才英语能力培养的目标定位、农业人才英语能力培养的方案制定、农业人才英语能力培养的过程设置、农业人才英语能力培养的能力提升、农业人才英语能力培养的环境创造和农业人才英语能力培养的典型案例等内容，以期通过本书的撰写，能够对农业人才英语能力的培养起到一定的帮助作用。

本书在撰写过程中吸取了国内众多专家、学者大量的理论研究成果，在此表示诚挚的谢意！由于作者水平有限，错误和不当之处在所难免，恳请广大读者在使用中多提宝贵意见，以便本书的修改和完善。

作者
2019年9月

目 录

第一章

农业人才英语能力培养的
背景阐述

第一节　环境分析

一、农业国际化

农业国际化是不同国家农业经济运行超国界逐步融合并构成全球体系的过程，不同国家和地区依据农业比较竞争优势的原则参与国际分工，在此基础上调整和重组国内农业资源，使农业资源在世界范围内进行优化配置，实现资源和产品的国内和国际市场的双向流动，通过商品与劳务的交换、资本流动、技术转让等国际合作化方式，形成相互依存、相互联系的全球经济整体。

简言之，农业国际化就是充分利用国际、国内农业资源和市场，参与农业国际分工与交换，以达到优化农业资源配置，增加农产品有效供给，增加农民收入，实现农业可持续发展的目标。

（一）农业国际化的特点

1.全方位与国际惯例接轨

农业国际化判断的标准不是单纯的国际市场准入问题，而是全方位的与国际惯例接轨。即在农业结构转变、农业制度和组织、农业标准化生产及农产品国际贸易等方面均符合经济国际化的要求，按国际化要求组织产、供、销的各个环节。

2.农业国际化是推动整体农业向现代化迈进的系统工程

一国农业发展的最终目标是通过实现农业现代化，提高农业生产力水平，实现富国强民。农业国际化正是整体地推动农业和农村向现代化迈进的系统工程。在实施农业国际化过程中，为增强农产品的国际竞争力，必须对传统农业进行改造，发展特色农业、绿色农业、创汇农业，按比较优势的原则实现生产结构的调整，从而推动农业现代化进程。

3.国际化是一个渐进的过程

"化"本身就是一个过程，农业国际化应该说是一个崭新的过程，或者说是一个无限的过程。世界的农业在发展，农业经济在变化，因此，农业国际化也是一个没有完结的过程，应把市场全球化、加工规模化、生产标准化、农业组织化、农村城市化，这一系列的"化"组合起来，推动农业国际化向更高层次、更广领域发展。

（二）农业国际化的基本内容

1.生产国际化

农业生产的国际化，即农业生产过程本身超过一国范围，在国际范围形成各国生产相互依赖、相互补充的格局，它是生产的社会化超越国界向国际发展的表现。农业国际化要求一国按照国际国内两个市场、两种资源全面利用的思路，把生产过程的各种要素、各个环节放到全球范围内综合考虑，选择最佳地点、最佳方式，按照国际标准组织生产加工和销售，把农业融入世界经济之中，同时，参与国际分工与协作，实现优势互补。

2.市场和销售国际化

市场和销售国际化是农业国际化的最基本和主要的标志。市场和销售的国际化，即到世界市场销售商品，实现商品的国际价值，促进农业生产要素在全球各国之间的流动，提高农业生产力和农产品竞争力。它要求一个国家一方面要按照国际市场需求和质量标准组织种养、加工，使本国的农业发展尽快与国际接轨，另一方面，就是在农业上要扩大与各国经济技术的合作化与交流，特别是同世界发达国家之间的合作化与交流，引进国外的资金和先进技术，通过生产要素的流动、配置，提高本国的农业技术、质量水平，提高本国农业在国际上的竞争力。

3.投资和金融国际化

投资和金融的国际化，是指农业领域广泛利用国际资本市场，既要积极创造条件在国际资本市场融资，又要以有效的方式吸引大的跨国公司来本国投资农业，同时加强推动农业项目的国际合作化。

4.竞争国际化

在经济国际化趋势下，农产品市场是逐渐开放的世界大市场，从而在国际竞争中日益激烈。一国国内市场也是国际市场。而且在国内市场上也有激烈的国际竞争。一国的农业竞争力应适应国际竞争的需要，在国际竞争中占据主动。

（三）农业国际化的趋向

我国在加入世界贸易组织（WTO）后，更加全面深入地融入了世界经济全球化和贸易自由化的大循环中。我国是一个农业大国，农业正处于发展和转型的新阶段，因此，要抓住机遇，积极实施农业国际化战略，在推动农业国际化进程中促进农业的快速发展。

（1）扩大对外开放，迎接经济全球化的挑战。

（2）参与国际分工，发挥比较优势，提高农产品国际竞争力。

（3）加快农业升级，推动传统农业向现代农业转变。

（四）中国农业国际化

在经济全球化的今天，中国农业实现国际化，必须要关注农业的四个层次，同步实现国际化。首先，生产要国际化，中国农业生产的国际化，即农业生产过程本身超过中国范围，在国际范围形成各国生产相互依赖、相互补充的格局，它是生产的社会化，超越了中国国界向国际发展的表现。农业国际化要求按照国际国内两个市场、两种资源全面利用的思路，把生产过程的各种要素，各个环节放到全球范围内综合考虑，选择最佳地点、最佳方式，按照国际标准组织生产加工和销售，把农业融入世界经济之中，同时，参与国际分工与协作，实现优势互补。其次，要实现市场和销售国际化，市场和销售国际化是农业国际化的最基本和主要的标志。市场和销售的国际化，即到世界市场销售商品，实现商品的国际价值，促进农业生产要素在全球各国之间的流动，提高农业生产力和农产品竞争力。我国一方面要按照国际市场需求和质量标准组织种养、加工，使我国的农业发展尽快与国际接轨，另一方面，就是在农业上要扩大我国与各国经济技术的合作化与交流，特别是同世界发达国家之间的合作化与交流，引进国外的资金和先进技术，通过生产要素的流动、配置，提高本国的农业技术、质量水平，提高我国农业在国际上的竞争力。然后，农业投资和金融要国际化。我国要在农业领域广泛利用国际资本市场，既要积极创造条件在国际资本市场融资，又要以有效的方式吸引大的跨国公司来本国投资农业，同时加强推动农业项目的国际合作化。最后，竞争要国际化，在经济国际化趋势下，农产品市场是逐渐开放的世界大市场，在国际竞争中日益激烈，而且在国内市场上也有激烈的国际竞争。我国的农业竞争力应适应国际竞争的需要，在国际竞争中占据主动。

从中国自身的社会性质来看，中国既是人口大国，也是个农业大国，此外，从人口分布来看，中国半数以上的人口都为农村人口。因此三农问题的研究对于我国的发展是有着重要意义的，农业发展是中国经济发展的一大基石，而农业的发展不仅需要从国内的政策、市场等方面入手，还需要对国际市场加强重视，发展国际平台。如今，中国农业得到了全新发展，发展新方向的确定以及国际化的实现都在一定程度上表明了提升中国农业的国际交流能力是必然要求。

农业国际化的实现离不开农业科技人才。随着科技的发展进步，农业与科技相互渗透，因此农业科技的发展在一定程度上决定着农业的发展，但是农业科技的发展需要专业人才的共同努力，若要实现农业科技的发展成熟，具有高素质的农业科技人才是必然要求。根据我国最新出台的规划，我国农业需要更加充分和深入地落实"走出去"以及"引进来"，在符合相关人才发展规划的基础之上，需要进一步培养农业国际化人才，相关人才培养政策中表示要对农业科技工作人员的择取机制进行完善，保证参与建设的人才在业务、英语交流等方面的能力较强，并且有实干精神。

二、知识经济崛起

（一）知识经济的概念、作用及发展

根据OECD1996发表的《以知识为基础的经济》的报告并综合多年来关于知识经济的提法，知识经济是以知识为基础的经济，它是以现代科学技术为核心，建立在知识和信息的生产、存储、分配和使用之上的经济。知识经济的繁荣不再直接受制于资本、资源、硬件技术的数量、规模和增量，而直接依赖于知识的积累和运用。知识经济的外形是无形资本，人类社会的知识总量，人力资本、智能、高科技网络电脑等等，如同产业革命极大地改造了

世界的面貌一样，以芯片、微处理器、光导纤维为特征的电脑、通讯和信息存储技术的日新月异的发展以及它们的紧密结合，正在生产领域掀起一场技术革命，把我们带入了经济时代。

发展知识经济必须重视人才在知识经济中的特殊作用，大力发展教育，提高我国人力资本的素质。判断知识经济发展状况，生产力水平高低，教育状况和劳动力素质是一个重要的测量指标。因为知识和信息的生产、传播及应用，无不依赖于以智能为代表的人力资本的支持，人才是科学技术的主要载体。大力发展教育，尽快提高劳动力资本的科技素质，培养大量有创新精神和能力的人才，是解决我国农业经济发展的当务之急。其次发展知识经济还应加大对知识技术的投资，知识经济是以知识为基础的经济，它的增长直接依赖于知识和技术的积累和应用。加大对知识和技术的投资，提高人类获取知识、应用知识的能力，充分发挥知识、技术对农业经济增长的重要作用。

（二）知识经济促进农业经济增长

科技资源促进农业经济增长。当前人类正处在一个以科技或知识资源的生产、占有、分配和使用为重要因素的经济时代，科学技术是第一生产力，科学技术的发展是提高农业生产力水平的源泉，例如：联合收割机和播种机的应用，节约了大量的劳动力等资源，大幅度提高农业生产力水平，高科技的网络应用于农业领域，使农民开阔了视野，掌握了很多生产销售的信息，优化了经营观念，根据市场需求生产加工，使流通机制变活，销售渠道变通畅。农业要实现持续快速发展，就必须以科技知识和人的智力资源等作为重要的生产要素，因为科技知识资源经多次使用自身并不会减少，而且在使用过程中还会增值，可以被用来创新知识，知识越用越多，使用成本越来越低，与其他生产要素相结合，可大幅度提高劳动力和资本的使用效益。以此实现资源的高效利用与有效替代，从而更充分地利用自然资源，提高经济效益。人们通过对自然界和人类社会自身的科学的全面认识，将科技知识运用于主动协调人与自然的关系，从而科学、合理、高效地利用现有资源，并开发尚未利用的自然资源，以替代稀缺资源，由此保证农业经济可持续快速地增长，既能满足当代人的需求，又不至于对后代的经济发展造成危害，因此科技资源必将推动我国农业经济可持续地快速发展。

创新推动农业经济增长。创新是发展知识经济的重要组成部分，创新对农业经济的增长具有积极的推动作用。著名经济学家迈克尔·波特将世界各国经济发展依次分为：要素推动的发展阶段，投资推动的发展阶段和创新技术的发展阶段。与以要素和投资为核心的竞争相比较，以创新为核心的经济竞争，明显更胜一筹。二十世纪是人类历史上经济发展最快的时代，这种高速发展的直接推动力，便是知识创新所带来的科技进步，创新是农业经济发展的灵魂。农业科技创新是农业知识生产与应用的源泉，如农业科学与现代生物技术交融为基础的新物种的塑造和新快速繁育技术的应用，有利于环保的新型生物肥和生物农药的研制与运用等等，都强有力地推动了农业生产的发展，通过对农业科研、农业教育及农业技术的创新，使现有农业知识系统蕴藏的生产潜力可以有效地释放出来，促进生产的发展。

通过普及九年义务教育，农广校、职业技术教育等多渠道、多层次提高农民的科技素质，使农业经济的发展建立在科技知识及信息之上，提高农业生产力水平，发展特色农业、绿色农业、订单农业、创品牌农产品，实现市场交易和网络交易相结合。按合同或市场需求进行生产和深加工，大幅度提高农产品附加值，提高经济效益。知识经济的产生与发展必将推动我国农业经济可持续地发展。

三、WTO与中国农业

（一）对WTO的认识

1. WTO的社会基础

WTO建立在股份制经济基础占主体之上的一种贸易组织。理由：①当今世界经济发达国家的经济基础绝大部分是以股份制经济占主流；②当今世界东德与西德统一融合，南北朝鲜贫富差别，东欧以公有制为主的社会主义国家政权变更，这些鲜活历史事实证明股份制这一些制度在当今社会有强大的生命力和生存空间。

2. WTO发展经济基础

不管你姓什么，国家经济发展基础，国家控制管理经济发展手段是"市场经济。"①从中国申请入关，13年谈判历程可以看到：由计划经济过渡到计划商品经济，由商品经济过渡到市场经济这三部曲的发展，最终入世成功；②"市场经济"这种管理国家经济是当今世界发达经济体的先进技术。

3.WTO健康发展有两个推动力

①追求利润；②市场竞争是地区间贸易争端，贸易仲裁，制定贸易规则一切经济活动的动力源泉，是为了获得更多的利润和自身安全；市场竞争是WTO促进发展的又一个动力源，资本在国际间、地区间、行业间流动；"竞争"是推动力，没有相互比较，市场缺乏活力，只有公平竞争，加强管理，学习先进技术，降低成本，才能获得更多利润空间。

4.WTO运转遵循法则

"国际惯例"、"优胜劣汰"。自从我国正式成为世贸成员，各级政府都在清理法律法规，把我国与国际惯例相抵触条款都取消，就是为了与国际惯例接轨。

5.WTO是国家（地区）间发展经济贸易组织

是把本国（本地区）经济发展融入世界经济发展之中，利用国内国际市场、资源，参与世界经济的合理、公正、有序分工（13年谈判是历证），达到的目的有"发展生产力，国力强大，人民富裕"，不管你是一个什么样的政党领导管理国家（地区），不管你采用何种制度，这是我们一切工作出发点、落脚点，是衡量一切工作准绳，纵观当今世界发展史将是一面镜子，任何背道而驰的作为，都是徒劳的。

（二）WTO《农业协议》的主要内容

1.市场准入

市场准入系指一国在多大程度上允许他国农产品或服务进入本国市场。世界上许多国家（尤其是发达国家）长期用关税及名目繁多的非关税壁垒来限制他国农产品进入其国内市场，导致了不公平竞争，妨碍了农产品贸易自由化的实现。WTO《农业协议》要求各方尽力排除非关税措施的干扰，由此通过了将非关税壁垒关税化，禁止使用新的非关税壁垒的规定。《协议》只允许使用关税这个手段对农产品贸易进行限制，现行的非关税壁垒都应转化为相应的关税。《协议》还规定，最低市场准入的农产品通过关税配额来进行，也就是确保最低市场准入量的农产品能进入对方市场，同时各方应保证所承诺的最低准入量享受较低的或最低的关税，但对超过的进口量则可征收高额关税。

我国加入WTO农业谈判中作出了如下承诺：

（1）关税减让。《协议》要求各在承诺的实施期限内将减让基期的关税削减到一定水平。"乌拉圭回合"参加各方同意，从1995年起，发达国家用6年时间将关税削减36%，发展中国家用10年时间将关税削减24%，最不发达国家不必削减关税。我国的农产品关税率已经由1992年的平均水平46.6%降低到1999年的21.2%，我国加入WTO农业谈判承诺到2004年进一步降低到18%左右。其中，对美国所关注的肉类、园艺产品和加工食品等86项关税，到2004年由现在的平均税率30.8%减让到14.5%。

（2）关税配额。《协议》还规定，为确保最低市场准入量，要求成员必须相对降低关税进口一定数量的农产品。对配额数量以内的进口征收较低关税，一般为1%～3%。但发展中国家享受低关税仅限于初级产品。最低市场准入通过关税配额来进行，配额量的计算方法是，其准入水平不得低于基期国内消费量水平的3%，并且在实施期末达到5%。农业谈判确定，我国对小麦、大米、玉米、棉花、植物油、食糖、羊毛、天然橡胶等重要农产品实行配额管理。其中，粮食（小麦、玉米、大米）的关税配额量为1830.8万吨，到2004年后为2215.6万吨。配额内税率为1%～10%，配额外税率为65%～80%。植物油（豆油、棕榈油、菜籽油）2002年配额量为579.69万吨，到2004年为709.8万吨，到2006年取消配额。配额内税率为9%，配额外税率9%～63%。大豆执行现行3%的关税，不采取关税配额管理。

2.出口补贴

出口补贴指为农产品出口进行补贴，是最容易产生不公平贸易竞争的政策措施。"乌拉圭回合"之前只是成功地对工业品补贴进行了限制，完全禁止了对工业品的出口补贴。到"乌拉圭回合"谈判时，才对削减农业出口补贴取得进展，并达成以减让基期为基础的出口补贴尺度，在一定的实施期内逐步削减出口补贴。《协议》规定，除符合本协议和该成员减让表列明的承诺外，每一成员保证不以其他方式提供出口补贴，我国入世谈判承诺取消对农产品的出口补贴，包括价格补贴，实物补贴，以及发展中国家可以享有的对出口产品加工、仓储、运输的补贴。

3.国内支持

是指WTO成员通过各种国内政策对农民和农业所进行的各种支持措施，是造成国际农产品贸易不公平竞争的原因之一。为了消除对生产和贸易产生不利影响，《协议》把国内支持措施划分为两类：一类是对贸易产生扭曲的政策，称"黄箱"政策；另一类不引起贸易扭曲的政策，称"绿箱"政策，对"黄箱"政策要求必须减少，对"绿箱"政策则免予减让承诺。《协议》规定需要减让承诺的"黄箱"政策包括：价格支持、营销贷款、面积补贴、牲畜数量补贴，种子、肥料、灌溉等投入的补贴。《协议》规定的"绿箱"政策包括：由政府财政开支所提供的一般性服务补贴（农业科研、病虫害控制、农业培训、技术推广和咨询服务、农业基础设施建设等）、以保障粮食安全而提供的储存补贴、粮食援助补贴、作物保险与收入安全补贴、自然灾害救济补贴、结构调整补贴、地区援助与发展补贴、为保护环境所提供的补贴、农业生产者退休或转业补贴等。

我国加入WTO的农业谈判中确定：（1）"黄箱"政策方面，中国农业价格补贴、投资补贴和投入补贴最高可以达到农业产值的8.5%，《协议》规定发展中国家不超过10%，发达国家不超过5%，超过要削减。其中大米、玉米、小麦和棉花确定为我国的特定产品，以1996～1998年为基期，若按8.5%计算，我国政府对这几种产品的价格补贴有66.25亿美元的空间。还规定我国政府对农产品及农业生产资料的其他补贴和农业投资补贴（包括贷款贴息）为非特定补贴。1996～1998年我国农业生产资料价格补贴为33.87亿美元，投资补贴大致为1.56亿美元。若按8.5%计算，我国非特定产品的支持空间为209.82亿美元。（2）在绿箱政策方面，根据我国提交的"绿箱"政策支持表，1996～1998年三年平均支持量为1375.95亿元人民币，包括国家对水利建设投资、粮食流通补贴和生态环境建设投资等。若扣除这三项，中国农业的国内支持就只有450多亿元。若按WTO的规定，再扣除农业税180亿元和农业特产税140多亿元，国家对农业的支持就有限了。

4.动植物卫生检疫

《实施卫生和植物规则措施协定》是为保护人类、动物和植物的生命和健康而采取的限制农产品进口的措施，同时《协议》还作出不得以环境保护或动植物卫生为理由变相限制农产品进口的规定。中国在《中美农业合作协议》

中承诺解除长期以来对美国部分地区小麦、柑橘和肉类的进口禁令，同时中国有权对美国工厂和到货进口产品进行抽查，如允许美国西北七个州TCK（矮腥黑穗病）疫区小麦，其TCK孢子在不超过规定标准范围内方可进入中国市场。

（三）WTO给我国农业带来的机遇

1.改善我国农产品出口环境，增加出口产量。

加入WTO以后，我国农业产品享受到了WTO成员的无歧视贸易待遇，降低了农产品贸易谈判成本和交易成本，并能够通过利用相关规则和机制解决贸易争端等，这对我国农产品的出口非常有利。例如，中国目前对欧盟国家出口土豆，欧盟给中国的份额很少，只因中国不是世贸组织的成员而难以谈判。另外，随着我国加入WTO后，贸易自由化使得一些国家对我国设置的农产品贸易障碍或壁垒将会自动消失，一些歧视性行为也会终止，并能减少其他国家对中国农产品的非关税限制等不公平待遇，促进中国农产品进入国际市场，扩大中国农产品的国际市场份额。在畜产品、园艺作物产品的出口方面，我们也能看到较大幅度的增长。从价格上看，目前我国水果价格大多低于国际市场价格，苹果、鸭梨、柑橘的国内市场比国际市场价格低四至七成；肉类产品除禽肉外，国内市场其他肉类的价格均低于国际市场价格，其中猪肉的价格比国际市场价格低60%左右，牛肉低80%左右，羊肉低50%左右。贸易自由化提高了畜产品的国内市场价格，同时降低了饲料的国内市场价格。到2005年，猪肉年出口量将大幅增加，禽肉将由净进口转为净出口，同时园艺作物等劳动密集型农产品的出口潜力将大幅增加，如蔬菜、花卉出口有巨大的发展空间。据有关方面预测，到2020年，中国猪肉的出口量将会高达600多万吨，猪肉和禽肉的出口量约占全国总产量的15%。

2.有利于引进发达国家的资金、技术和品种，完善我国农产品市场机制，优化资源配置。

中国加入WTO以后，即可利用无条件最惠国待遇原则，最大限度地争取国际金融机构和各缔约国的优惠贷款，引进发达国家的先进农业技术和经验，加快农业基础设施建设，改善生产条件，从而增强农业发展后劲，进口实现农业的现代化。此外，国际市场的价格机制、竞争机制、供求机制也被引入，这要求我国按照市场经济的资源配置规律遵循国际贸易规则,参与国际分工和国际竞争。这样使得国内的产品市场和要素市场都必须遵循市场规律,价格更贴近市场规律,而非调控价格,有助于完善国内农产品市场机制,实现资源的优化配置。竞争机制的进入,促使我国农业生产方式的变革,这对我国农业的未来发展具有深远的意义。

3.有利于我国农业结构和农产品出口结构的调整,提高农产品的质量和农业劳动生产率。

入世后,中国农业不论在国内市场,还是在国际市场,都面临着激烈的国际竞争,一些劣势产品、弱势产业将被淘汰,一些优势产品、强势产品将会发展壮大。由于我国自然资源的人均占比很低,尤其是耕地资源不足,而劳动力丰富,入世将利于我国进口资源密集型产品,出口劳动密集型产品,包括水果、蔬菜、畜产品、水产品等具有比较优势的农产品。

4.有利于降低农业生产资料的价格,从而降低我国农业生产成本,提高农业收益水平。

加入WTO以后,工业品关税降低,这使得国外的化肥、农药、农用塑料、农用机械、农用工具等这些中间投入品都会随着关税的大幅下降而以较低的价格进入国内市场,国内同类工业生产企业为求生存和发展,必须生产质优价廉的农业中间产品与之竞争,这可以降低我国农业成本,并提高农业效率,从而提高农业收益率,使得资源利用率增大。

（四）WTO给我国农业带来的挑战

1.由于市场的开放,国内农业生产和农产品市场均面临着巨大压力。

入世前,国内大部分农产品供求平衡,有些产品还出现了结构性和地区性的供给过剩,入世后,农产品进口关税降低,外国农产品将大量进入国内市场,一部分国内市场将被迫让出。这将会使已经处于销售困境的农产品市场雪上加霜,对农业生产形成较大的冲击。其中,粮食等劣势产品生产受到的影响最为突出。我国的小麦、玉米、大豆、棉花等主要农产品价格均高于国际市场价格,已不具备竞争优势。

2.种植业萎缩,种植部门就业下降,农村剩余劳动力问题将更加突出。
我国农业尤其是种植业,大多仍属于传统的精耕细作,吸引了大量的劳动力，而目前我国农村存在着庞大的剩余劳动力，加入WTO以后，中国部分农产品的生产要收缩，不仅会使1000多万农民失业，而且中国农民平均剩余劳动力时间比例将由40%～50%提高到50%～60%，农村剩余劳动力问题异常严峻。

3.对农民收入的增长产生了不利影响。

由于我国主要农产品价格大多高于国际市场价格，政府靠提高农产品价格来增加农民收入的空间很小，而且这种直接扭曲农产品价格的做法也是WTO所不允许的。入世后，国内市场趋于国际化，国内农产品的高价格难以为继。因此，农业增效、农民增收将面临巨大挑战。据测算，每年农民收入将减少350～400亿元，有1亿多农户受到直接影响，每户农民的纯收入至少会下降200元。

4.对我国卫生及动植物检疫提出新的要求。

加入WTO后，按照《中美农业合作协议》有关规定，中国将解除对进口美国小麦、柑橘类水果和肉类在卫生和检疫方面的一些限制。对于小麦，过去中国把美国靠近太平洋的西北部7个州化为小麦矮腥黑穗病（TCK）的疫区，禁止从这些地区进口小麦，然而按照新达成的协议，中国将取消禁令，但是，一旦发现超过检疫标准的TCK小麦，中国将采取特殊方法处理或退回。还有对柑橘、肉类等的认证和检疫标准限制都被解除。这些方面反映了国内标准在于国际标准接轨时，不仅要不断提高建议水平，更要善于进行科学论证，以防被视为是对农产品贸易施行隐蔽限制，引起对方报复。

（五）基本启示与思考

需要高度重视的是，同过去十年相比，今后我国国际化、市场化程度将进一步提高，国内经济与世界经济的关联度将进一步增强，农业发展的国内外条件与环境将发生重大变化，农业对外开放既面临诸多重大机遇和有利条件，也面临更加严峻的风险和挑战。今后进一步扩大农业对外开放，特别应注重把握以下三点：

第一，要从全球视野，战略高度，进一步提高对农业对外开放战略的认识，深刻领会，全面把握统筹利用国际国内两个市场、两种资源的战略意义。近几年来，一些人对大豆等资源性农产品进口增加心存疑虑，对立足国内实现粮食基本自给与利用国际农业资源的依存关系认识不足。虽然目前农产品进口规模逐年增大、对外依存度日益提高，但仍然没有规划部署和实施农业"走出去"战略，建立满足我国经济发展需要的持续、稳定、合理的全球资源性农产品进口供应链，更加有效地利用国际农业资源和市场。虽然我国是世界上重要的农产品贸易大国，但我们仍然缺乏国际农产品市场与价格的基本话语权，在农业国际竞争的不利地位没有发生根本性的改善。今后我国人口增长、耕地减少、水资源短缺的矛盾日益突出，保持主要农产品供需平衡的压力越来越大，迫切要求我们在加大对农业支持保护、提高农业综合生产能力的同时，更加注重统筹用好国际国内两个市场、两种资源，从全球视野的战略高度，建立国家粮食安全保障机制，在复杂多变的国际农业发展环境中，全面把握和应对全球经济调整给农业对外开放带来的新机遇、新挑战。

第二，要深化农业改革，对农业对外开放战略进行总体规划和统筹管理。目前我国对新形势下扩大农业对外开放，缺乏总体设计和战略规划，对如何拓展农业对外开放的广度和深度，还没有制定明确的目标、思路和重点，也没有部署、推进和实施关键措施。囿于部门分割、管理多头、职能错位、层级复杂等原因，仍然没有形成对农业对外开放进行统一协调管理的体制机制。在某些领域，部门利益影响全局决策，行业利益左右社会舆论，地区利益挑战中央政策等现象越来越严重。注重于农产品进口限制、贸易保护，没有统筹管理农业产前、产中与产后相关产业开放的可能风险，农业产业安全管理存在一定隐患。例如，各方面都关注的外资在油脂加工行业大举扩张问题，既有部分外资企业违规直接或变相扩大对油脂加工投资的问题，如以压榨棉籽、棕榈油加工等不受限制的名义申报项目，项目建成后，实际上可用于压榨大豆、菜籽或油脂加工，也有个别外资企业利用某些地方政府"GDP崇拜"心理，采用多种方式规避国家油脂加工产业政策。如根据总投资不超过5000万美元项目直接由地方政府审批的规定，一些外资企业将油脂加工项目投资设在限额以下，或将总投资超过5000万美元的项目"化大为小"，避开国务院投资主管部门的审批。因此，必须抓紧制定进一步拓展农业对外开放广度和深度的总体战略，深化农业管理体制改革，建立健全农业对外开放统筹管理的体制机制，为进一步扩大农业对外开放、维护农业产业安全，提供强有力的制度支撑和体制保障。

第三，要建立完善开放条件下农产品市场风险管理机制，积极参与和推动完善全球农业治理机制。开放条件下，国内外农产品市场融合不断加快、相互影响日益加深，国际农产品价格波动对国内市场的传导影响越来越复杂，对市场风险管理的要求越来越高。但与此不相适应的是，一方面，国内企业的市场风险管理意识还有待于进一步加强，另一方面，国内期货市场、远期合同等市场风险管理工具也不健全，市场发育也不够成熟，尚未形成有效防范和控制国际市场风险的机制。比如，近几年社会普遍关注的大豆问题，表象是近十年来大豆进口激增，因此质疑大豆市场开放过大，是受加入世贸组织冲击最大的产品。但理性分析，其实质是，由于2004年、2008年国际市场大豆价格的两次剧烈波动，导致国内部分缺乏风险管理意识的压榨企业亏损严重、甚至停产关闭，引发两次行业兼并重组浪潮，而部分跨国粮商在两次危机中都幸免于难，趁机扩张，到目前已经掌握国内70%～80%的压榨产能，这或许是我们真正需要吸取的深刻教训。今后影响全球农产品价格的因素将更加复杂，不仅气候变化等因素使农产品供求关系越来越不确定，而且石油价格变动、投机资本炒作、货币汇率波动以及跨国公司垄断操纵等非传统因素，对农产品价格走势的影响将更加难以预料，迫切需要进一步强化风险管理意识、全面提升企业管理水平和竞争能力、加强和完善市场流通体系建设、建立健全防范和控制国际农产品市场风险管理机制。

与此同时，要积极参与和推动世贸组织多边贸易谈判等全球农业治理机制改革，建立和完善全球农业投资与市场规则，消除农产品能源化、金融化等非传统挑战对发展中国家粮食安全的严重影响，促进建立公平、和谐、开放的国际农业发展环境。

第二节 意义分析

一、培养英语能力对农业以及农业科技人才的现实意义

农业国际化的实现离不开农业科技人才。随着科技的发展进步，农业与科技相互渗透，因此农业科技的发展在一定程度上决定着农业的发展，但是农业科技的发展需要专业人才的共同努力，若要实现农业科技的发展成熟，农业科技人才具有高素质是必然要求。我国农业需要更加充分和深入地落实"走出去"以及"引进来"。在符合相关人才发展规划的基础之上，需要进一步培养农业国际化人才，相关人才培养政策中表示要对农业科技工作人员的择取机制进行完善，保证参与建设的人才在业务、英语交流等方面的能力较强，并且有实干精神。

不难发现，在目前的发展背景之下，培养业务能力强、英语交流能力优秀以及有实干精神的人才是非常重要的。

首先，只有英语交流能力优秀，才能保证国际交流顺利进行。保证英语沟通顺利是实现农业国际化的重要基础。联合国教育、科学及文化组织曾进行关于英语使用率的相关调查，最终结果表明半数以上的科技文献所使用的语言为英语，超过50%的国际会议主持语言为英语。所以，这也反映出只有对英语的学习加强重视，培养相关人才才能够保证国际交流的顺利进行。农业科技人才的英语能力优秀才能够顺利查阅外文文献，吸收、借鉴国内外优秀的研究成果。农业科技人才的英语能力优秀才能够保证与国外相关科技人才的交流，保证国际间交流和合作的顺利进行，实现产业升级。

其次，业务能力强，英语交流能力优秀的人才能够增强我国农业的国际竞争力。若要达到顺利、快速发展农业这一目标，则对国外的优秀经验进行借鉴是非常重要的，尤其是技术以及管理方面优秀成果，通过发展农业科技来发展我国农业。英语在国际中的使用频率非常高，因此在国际交流和合作

等方面有重要作用。第一，保证专业人才英语水平较高，才能够充分利用相关科技资源，了解和利用优秀的管理经验；第二，合理利用英语进行相关文章如论文的写作，才能够真正实现"走出去"这一目标。提升相关工作者的英语水平，能够及时了解国际农业的发展动向及相关贸易政策，并且依据以上内容及时掌握发展机遇，从而完善我国农业的发展和贸易交流工作的进行，增强我国的国际影响力。

最后，相关工作者只有提升英语能力才能获得职称晋升的能力。培养英语能力不仅能够推动我国农业科技的发展，还能够提升农业科技工作者的个人发展空间，有利于其职业发展。农业科技人员只有在英语能力达到一定水平时才能得到职称晋升的机会，我国在1998年时就对专业技术人员的外语能力提出了新要求，其中的内容主要为以下：出次年开始，除特殊规定的免试要求之外，其余晋升职称的工作人员都需要进行外语水平考试，成绩合格之后才能获得晋升机会。

二、农业人才英语能力培养的必然意义

（一）国家及地方经济发展的必然需求

教育部颁发的关于《大学英语课程教学要求》（以下简称《教学要求》）中明确提出大学英语的教学目标是培养学生英语的综合运用能力，使他们在今后工作和社会交往中能用英语有效地进行口头和书面信息交流，同时增强其自主学习能力，提高综合文化素养，以适应我国经济发展和国际交流的需要。近年来，我国经济科技发展日新月异，我国与世界各国经济、贸易、文化交流往来愈发频繁。随着对外开放及我国市场经济体制改革和市场开放度的不断放宽，具有高水平并能胜任市场需求的英语人才极其紧缺。在区域及地方经济高速发展的大背景下，在高素质、高水平、懂专业英语人才极其需求的现状下，高等农业院校的大学英语课程设置应依据和参考《教学要求》，根据本校的实际情况，制定科学的、系统的、个性化的、具有特色的大学英语教学大纲，指导本校的大学英语教学。基于学生职业能力培养的大学英语课程改革有助于培养适应经济发展趋势，适应市场需求的人才，亦有助于为企业和公司输送具备一定英语技能和跨文化交流能力的人才。因此从国家及

地方经济发展和市场需求角度来讲，探讨以职业能力培养为视角的大学英语课程改革意义重大。

（二）农业院校学生实现高质量就业的必然途径

推动实现更高质量的就业，就业是民生之本，而"更高质量"则成为最亮眼的词汇。更高质量的就业包含了人们劳动环境改善、劳动工资提高、劳动安全保障加强等因素。在改革开放、经济全球化进程加速的大背景下，我国在国际舞台上已具有相当的影响力。英语作为世界通用语言已然成为连接我们国家和世界的纽带。农业院校的学生在掌握本专业的专业技能的同时，应掌握就业岗位所具备的英语技能，具备实际工作中英语运用的能力，如可以与国外客户进行常规的贸易往来，可以阅读和理解国外产品的使用说明书，可以用英文推广企业所研发的产品，可以与外商洽谈并拟定书面合同等，因此探讨基于职业能力培养的农业院校大学英语课程改革对学生英语综合运用能力的提高具有指导性意义。农业院校大学英语课程的设计围绕学生职业能力培养这一条主线，将有助于学生综合素养的提高及最终实现高质量的就业。这一研究对于为企业提供高质量的复合型人才及实现农业人才的高质量就业，提高学生的就业竞争力具有重要的实践意义。

（三）农业现代化发展对人才需求的必然趋势

我国对农业的支持是一贯国策。国家出台了一系列关于加强农业科研、技术推广应用、农业基础设施建设等的支持政策，这些政策为农业生产力和农产品竞争力的提高提供了支持。国家的政策支持也为农业院校培养复合型人才提供了一个良好的政策保证，为农业院校人才培养提供了广阔的发展空间。高质量的农业人才将成为拉近我国与其他发达国家在农业方面差距的中坚力量。农业现代化发展对高校人才的培养提供明确的思路，也为高校毕业生提供了高质量的就业机会。因此，农业院校在大学英语课程设置过程中，应注重并充分利用农业现代化和国际化进程所带来的机遇，以学生职业能力培养为导向来设置农业院校大学英语课程，使大学英语课程的设置符合农业现代化发展对人才的需求。鉴于此，农业院校的大学英语课程应以学生能力培养为导向，并逐渐形成服务"三农"需求的外语人才培养模式。农业院校的人才培养如何与社会需求相呼应，如何适应国家地方农业经济发展的新需求，大学英语课程将如何根据需求进行适当改革，都是农业院校英语教学必须研究思考的问题。因此，探讨基于职业能力培养的农业院校大学英语课程改革对农业院校大学英语课程改革具有一定的参考价值。

第三节　机遇挑战

一、农业人才英语能力培养的机遇

全面推进素质教育，是党中央、国务院为加快科教兴国战略做出的重大决策，也是教育自身发展到今天提出的必然课题。改革开放二十多年以来，特别是中国加入WTO之后，我们的生活和工作同英语的联系已经是密不可分，英语水平尤其是英语素质的高低成为就业的硬性条件。英语素质，即除了英语知识、技能和能力之外，还包括同英语文化相关的文化素质。英语素质教育是通过英语学科知识的传授和能力培养，提高学生运用英语的能力及文化素质、思想品德素质和心理素质。英语素质教育的主要目标是培养学生运用英语的能力，培养他们在国际化、信息化社会中获得信息并处理问题的能力。而高等农业院校是我国进行高层次农业科技人才培养、科学研究、技术推广和创新的重要基地。农业院校的英语教学正面临着越来越多的挑战和压力，连续多年的扩招导致学生数量大幅度的增加，学生英语基础差异化加大，同时，现代化社会经济发展对大学生的英语综合应用能力的要求更加多样化。为了满足经济发展对农业人才的需求，有必要针对农科大学生的英语学习基础和学习动机，紧密结合社会对农科大学生英语能力的实际需要来推行素质教育，全面提高学生的英语运用和交际能力，提高学生的素质，使其成为21世纪的合格人才。

二、农业人才英语能力培养的挑战

（一）在农业院校，英语专业相对而言起步比较晚，实力还远远不足

在农业院校中，对英语专业的重视度不够，英语专业没有自己的一席之地，基本上都是依靠其他专业而得以生存。如果与专业的外语院校相比较，

那么农业院校的英语专业更是相差甚远。近些年以来，出现了国际合作办学，这无疑对英语专业造成了巨大的冲击力，更是给农业院校的英语专业当头棒喝，使农业院校英语专业的发展难上加难。

（二）农业院校英语专业自身存在问题

在我国的农业院校中，仍然存在着应试教育的思想，而且这个思想占据主导地位；教师仍然沿用传统的教学模式；教学内容不能与时俱进，课程设置极其不合理，教学设施不能满足教学需要等，这些问题严重阻碍了英语专业的发展，而且不能激发学生们的学习兴趣，无法培养学生们的创造性。

（三）国际形势相对复杂，农业院校英语专业的学生就业前景不明朗

近年来，英语专业已经不再是热门专业，农业院校英语专业的学生毕业后没有立足之地，社会没有太多的市场。各大高校不断进行扩招，国民的英语水平也在不断提高，这无疑给英语专业的学生造成了非常大的阻碍。很多用人单位在招聘时，都希望选用一些不仅英语水平高，而且专业能力强的人才，对于农业院校的学生而言，这无疑是不可逾越的挑战，因为他们的专业过于单一，即使毕业，也找不到合适的工作。所以，在竞争如此激烈的大环境下，农业院校怎样才能发挥自身的优势，顺应时代的发展，是当前我们最棘手的问题。

三、农业人才英语能力培养的探索

专业英语也称为科技英语，与高等院校开设的大学英语课程有较大的区别，是各个专业结合本专业特点，向学生讲授的主要包含本专业或者相关专业英语词汇及科技论文相关内容的一门英语课程。大部分专业都会开设专业英语课程，有些还作为学生的必修课来进行，以此促进学生以国际化的视角来深入理解所学的专业知识。农业院校由于其所开设专业的特点，除常见的栽培学、植物保护学、植物营养及环境相关的英文内容外，大部分专业也都会涉及分子生物学、生物化学等领域的一些专有名词、术语及相关内容。不同院系在专业英语课程设置上也有所不同，有的设为必修课，有的设为选修

课，有的设为研究生课程，由此可见，各个院系都很重视专业外语在本科生、研究生培养中的重要作用和不可或缺的地位。下面从农业院校专业英语的教学出发，对农业相关院校开设专业英语课程中所遇到的问题和亟待解决的问题进行了分析，并探讨了加以改进和完善的途径和方法，以期推动农业院校专业英语教学的专业化和国际化，达到所期望的教学目的。

（一）根据专业特点编撰教材

目前，专业外语的教学尚无针对农业院校专业特点编撰的相关专业外语教材，开设专业外语的院系多采用自编的形式为教学搜集素材和教学内容。并且，随着授课老师的更换，讲授的内容也会随之发生一定的变化，根据授课老师专业的不同，教学内容也偏向某一特定领域。目前这种状况对学生学习专业词汇相当不利，对于将来的英语论文写作也没有太大的帮助。针对这一情况，不同院系应该根据本院系的专业设置组织相关人员编写适合本院系专业的英语教材，教材内容应囊括本院系所设置专业的基本英语词汇和理论知识。这样本院系学生在学习专业英语过程中不仅仅能接触到本专业的英语词汇和论文知识，对于相关专业的英语词汇也有较广泛的认知，由此扩大学生的词汇量与知识储备。编撰过程中应注意涵盖基本理论和知识的英语词汇和科技文章，可以参考相关专业中文教材中的重点教学内容来组织英文教学内容，这样学生在学习过程中可以对中、英专业知识进行对照学习，比较容易形成系统的知识体系，也可以避免学生在学习过程中对于一些专业理论知识只识中文而不知英文表达方法，或者学到专业英语词汇时却不知道对应的中文表述。当学生有了扎实的中文理论知识，再进一步学习专业英语知识时，就很容易产生兴趣，也会产生较好的教学效果。

（二）增加英文文献教学内容

由于农业院校的专业特点，不可避免地会学习到本领域内一些先进的理论和技术，而教材在选择内容上偏重较为基础的知识。理论和技术的发展是日新月异的，因此无法在教材中迅速、及时地体现出来。那么在讲授过程中就应该适时的增加2～3篇最新的英文研究文献进行讲授，让学生在学习了基本的英语词汇和知识之后也能接触到本领域最先进的研究理论、成果和技术，以此调动学生学习专业英语的积极性，激发学生进一步求学或深造的愿望。这部分英文文献讲授内容可以从国际知名杂志的刊发内容中选择，而且讲授内容的可变灵活性可以让每一届学生都能接触到当年最新发表的一些相关专业的科学论文，有利于学生知识的更新。英文文献的教学内容作为专业英语教材教学内容之外的补充，能够更好地体现专业英语的重要性以及提高学生对于专业词汇的理解和应用的能力。对于某些需要发表论文的学生更加重要，在论文的撰写方面将起到尤为积极的作用。

（三）提高教师的专业英文及学术水平

目前担任专业英语课程的教师普遍具有较好的英语表达和写作能力，但由于其专业的局限性，往往发生这种情况，即在讲授自己较为熟悉或与自己的研究领域较近的英语词汇及知识时得心应手，讲的也比较透彻，而在涉及自己较为陌生的英语词汇及知识时，就稍显不足，讲解也稍显欠缺，不免给学生讲授内容不均匀的感觉，使得学生在学习本课程时也受讲授老师的影响而偏向某一方面的英语学习。针对这一情况，相关院系在安排任课老师时，可根据教材内容和教师专业及英文水平安排2～3位老师任课，在讲授不同内容时，由对要讲授的内容较为熟悉的教师讲授，这样就可避免对教材内容讲授不均、甚至略过某一内容的现象发生。同时，任课老师也要不断地提高自己的英语表达和写作水平，不断地阅读和学习最新的研究文献，充实自己的知识，并努力提高自己的专业学术水平，这样在课程的学习中，学生才可以通过老师学习到更新、更专业的专业英语。

（四）加强与学生的英文交流

在专业英语的授课过程中，多数教师会选择多用中文进行解释讲析，或者对一些专业词汇与生僻词汇以中文加以解释，在整个过程中仍然以中文为主。英译中成了最主要的授课模式。为了使学生建立英文思维，教师可以尝试以英文解释英文，并且在与学生的交流过程中尽可能地使用英文。这样除了会取得较好的教学效果，也可以激发学生的英语学习兴趣。当然，这种以英语为主的授课模式与教师和学生的英语水平有极大的关系。任课老师应该以此为目标，在不断提高自己英语水平的基础上，积极与学生以英文为主要交流语言,通过专业英语课程使得教师和学生都有所收获。学校也应适当地给教师提供进修学习的机会,以不断提高教师的水平,保证专业英语的授课质量,也为本专业的发展与国际接轨提供保障。

(五)提高学生的英语交流能力

专业英语的授课对象是高校学生,包括本科生与研究生,学生的英语水平直接影响学生专业英语的学习效果。任课教师可以在课程讲授过程中鼓励学生以自己感兴趣的方向为主要内容,撰写英文的短小综述或简介,并请学生在全班或者小组间以英文进行交流讨论,或将自己的观点进行阐述。通过这样的学习方式提高学生的英语交流能力,掌握专业词汇的使用和表述方法。教师也可以根据院系条件聘请相关专业的外国专家讲授部分学时的课程,提高学生的国际交流能力,鼓励学生参加国际会议,加强与国际专家的交流与联系。只有学生有兴趣,教师有能力,学习有条件,专业英语课程才能取得高质量的教学效果,才能为培养全面发展的优秀学生提供保障。

(六)使用多媒体教学

无论哪类课程,现在基本上都以多媒体教学为主。有的课程可以图文并茂地向学生展示教学内容,并配以老师的讲解,课堂氛围就会相对活泼。但是,专业英语课程有其特殊性,主要依赖文字教学,即在老师制作的幻灯片中多以文字出现,同时教师的讲解也受英语语言水平的限制,多以中文加以说明。这样的内容呈现方式较为枯燥乏味,学生容易产生疲惫、厌学的消极情绪。针对这种情况,教师可以选择购买一些与专业有关的英语科教影像制品,在适当的讲解过一些专业词汇后进行播放,在播放过程中,也可对影像中出现的生僻词汇和用法进行讲解,或对讲解中未曾涉及的新技术或理论加以解释。这样既能引发学生的学习兴趣,也可锻炼学生的英语听力,同时增加了学生的专业词汇量,也可取得更好的教学效果。当然,影像内容的选择受市场现有产品的限制,在选择范围较窄的时候,教师可以选择相关学科的影像制品作为替代,比如,分子生物学专业的英语课程可适当选择生命的起源、地球的形成或者生物进化等方面的教学内容,也可起到同样的效果。

（七）与专业实验相结合

由于多数农业院校开设的专业都有其相应的实验技术，且实验教学是专业教学中不可或缺的内容。专业英语在教学过程中也可和相应的专业实验教学相结合，担任专业英语课程的教师也应该同时能够胜任实验教学，这样在一次实验课程设置中就可以完成两项教学内容，同时使学生学习实验技术和专业英语词汇，起到双重的作用。可以增加实验课程的课时量，这样学生就有充分的时间来学习、消化学习的技术和词汇，并可在学生的自己动手过程中加深印象。

（八）增加课下英语交流时间

英语语言的提高只有在不断的应用过程中才能实现，专业英语也不例外。由于高校的英语考试制度，学生学习英语的热情普遍较高，但对专业英语却不太积极。针对这一点，可以在课下增加英语交流时间，不仅仅是任课老师，也可邀请其他课程英语水平较好的老师参加，针对一些学生学习过程中的问题进行讨论。这样可以使学生在与老师的交流中提高专业英语水平，也提高了学生学习普通英语的积极性，使课程与课程之间互相产生良性循环，彼此促进，取得更好的英语学习效果。并且，课下的英语交流对于教师不断提高自己的专业与英语水平也是一个促进，只有这样才能保证高水平的教学质量。

综上所述，专业英语既是一门基础课程，也是一门外语课程，其内容涉及英语与中文两种语言，也涉及专业基本理论知识，对于教师的要求较高。任课教师既要具有较高的学术水平也要具有较高的英语水平，并且要不断地充实、提高自己才能培养出全面发展、优秀合格的学生。专业英语教学过程中，要充分掌握课程特点，极力创造好的教学条件，配备雄厚的师资力量，才能取得一流的教学质量。

第二章

农业人才英语能力培养的现状对策

第一节　现状

　　农业类院校的教学对象是直接影响教学质量的重要因素。农业类院校的生源绝大多数来自于经济条件欠发达的农村地区，学生英语基础差，日常生活中几乎接触不到西方文化，对英语语言的应用更是知之甚少，尤其是英语的听说能力很差。加上近几年部分省市高考将英语听力的分数按比例减少，口语考试也只是起到附加作用，所以很多学生本身对于听说的重视程度也大大降低。另外，农业类院校中也有相当一部分学生来自城市，这些学生通常接触英语的时间比较早，基础相对要好一些。来自不同背景的学生对于英语学习的起点不同，文化专业素质不同，甚至连心理素质也有所差别。即使两名高考英语分数相同的学生，在语言应用上的能力也相差很多，农村背景的学生通常在读写方面基础较好，但听说能力很薄弱。因此，农业类院校的教学对象结构较为复杂，水平参差不齐，即使实施分级教学，也不能完全保证因材施教，使所有学生都得到全面发展。

　　鉴于农业类院校的学生基本上都是以农类专业学习为主，其专业性质决定了学生平时将学习精力多半放在自然科学、实验操作以及实习实践上。因此，对于人文以及社会科学知识有所忽略，甚至有部分同学认为人文社会科学知识对于其将来的就业及职业发展没有多大关系。这种只关注专业技能的培养，忽略人文知识的学习态度，很容易产生知识结构的欠完整，并且难以构建综合的知识网络，从而影响大学生综合素质的提高。人文素养较差，无法对语言学习的规律产生较为深刻的理解，无法为英语学习构建适合的文化背景，第一语言的迁移作用发挥比较有限，不利于英语综合应用能力的提高和培养。

　　外语学习焦虑普遍存在于农业类院校的大学生中，这种学习焦虑产生的原因是多样的。第一，口语听力基础较差，害怕得到消极的评价。有的学生反映，上课时听不懂老师讲的英语，这个时候就会紧张，因为怕老师会突然提问到自己。并且，因为口语不好，如果回答问题时犯了比较低级的错误，或者英语发音口语比较重，就会成为其他同学谈论甚至嘲笑的对象。第二，对考试有抗拒心理。很多同学反映害怕考试成绩不好，或者大学英语四级不能通过，总会引起焦虑。有的同学甚至表示在四级考场上心跳加速，手脚僵硬，甚至大脑也一片空白。这种对考试的焦虑心理也严重地影响了英语学习。第三，独特的心理特征。农业类院校的生源大部分来自农村，对于这些同学，走出农村，来到城市念大学，其实是背负着很大压力的，同时，和城市同学相比，总会有一些自卑心理。这些特殊的心理特点都是产生英语学习焦虑不可忽略的因素。

高校是培养农业工作者的摇篮，农业英语则是农业工作者走向成功的必备技能。在科学无国界的今天，一个看不懂英文文献的人，不可能紧跟国际学科发展的前沿，一个用英文写不出研究报告的人不可能成为好的农业工作者。可见农业英语学习的重要性。1999年，国家教育部颁布的《大学英语教学大纲》（以下简称《大纲》）不仅明确了其开设的必须性，而且对课时安排及学生学习农业英语应达到的各项能力都做了具体的量化规定。然而，在教学实施过程中，因受诸多因素的限制，教学效果距离预期目标相差甚远。近年来，已有很多教育工作者对农业英语教学中存在的问题进行了不同程度的研究，也取得了一定的成果，但这些研究发现的问题都各有侧重，缺乏系统性，更缺少农业、生物类专业的针对性。据调查结果显示，高校农业人才英语能力培养的现状基本如下：

一、学生层面

学生在思想上、态度上对农业英语重视不足，造成学习热情不高。主要原因为：（1）该课程多为必修考查课或选修课，学生认为及格就可以；（2）不与招聘单位的用人条件直接挂钩；（3）混淆了农业英语和基础英语课程的区别，近2/3的学生认为，农业英语的学习就是增加一些专业词汇、专业术语；（4）考核评价系统简单，大部分教师没有将平时成绩如预习、作业、课堂提问等纳入评分体系。

学生的基础英语水平参差不齐，虽然其中不乏一些英语水平拔尖的学生，但大部分学生的英语基础比较薄弱，基本的阅读能力都达不到要求，更谈不上听、说、写、译等技能。学生普遍对农业英语怀有畏惧心理，有的甚至采取放弃态度，这势必会给教学工作带来很大的困难。

二、教学管理层面

从宏观上来看，各高校对农业英语教学的管理极为松散，对课程的重视程度不足，具体表现如下：（1）农业英语教师的任课资格基本上没有经过严格审定；（2）课时少，学分低，多为考查课。《大纲》明确规定：农业英语为必修课，学时量不少于100学时。可是在调查中发现，实际安排课时多则96学时，少则30学时；（3）教学组态规定不明确，经常采用3个以上的自然班合班授课；（4）教学目标、教学要求和考核要求缺乏统一标准；（5）没有设置农业英语教研室，也没有组建农业英语教学工作指导、监督、检查小组。教师之间缺乏交流，教学基本上处于无人指导、无人管理、无人检查的状态；（6）缺少改革意识，几乎没有开展与教学研究相关的活动，如教学研讨会、教学观摩等；（7）农业英语教师的培训没有纳入学校工作计划；（8）缺少能调动农业英语教师积极性的激励机制。

三、教师层面

（1）农业英语教师的复合能力欠缺。由于农业英语课程的特殊性，对教师的英语功底、口语水平、语言学教学法、专业知识面以及科研能力都提出了很高的要求。调查显示，任课教师多为较年轻的专业教师，其中主持省级以上科研项目的仅占1/10左右，总体科研水平相对较低。另外，相对于其他教师而言，虽然专业教师英语功底较好，但口语水平仍普遍偏低，再加上缺少语言教学经验，基本上难以胜任农业英语的教学工作，但鉴于复合型人才短缺，只能勉强为之。

（2）对农业英语课程重视程度不足，教学实施过程中问题突出。具体问题包括：①由于教学及科研任务繁重，任课教师投入在农业英语教学研究上的时间和精力很少，多数教师将其视为第二职业；②教学大纲制定不合理，随意性较大。多数教师只着重于阅读、翻译能力的培养，忽视了听、说、写等其他方面的技能；③教学方法死板。大部分教师课堂上仍采用"满堂灌""填鸭式""一言堂"式的教学方法，学生只是被动地记笔记，师生之间、学生之间的交流与讨论很少，不利于学生主观能动性的发挥；④教学手段陈旧。网络、多媒体、声像材料、影视素材等教学手段还没有在农业英语的教学中得到良好的开展。大多数教师仍然采用黑板加粉笔的教学手段，这不仅影响了教学效率，而且也很难激发起学生的学习兴趣，导致教学效果不理想；⑤缺乏多元化的考核评估体系及规范化、标准化的试题。大部分教师忽略了平时考核对学习的引导及促进作用，仅以期末考试作为评价学生的唯一标准，而且题型单一，一般只包括单词及翻译，这显然不利于学生综合技能的全面提高。

四、教材层面

农业英语教材的选择没有明确、统一的指导思想，存在很大的主观随意性。调查发现，英文原版教材占11.4%，国内正式出版的教材占76.1%，校内自编教材占6.5%，没有装订成册的选编资料占6.0%。这些教材语言虽然地道真实，但是普遍存在以下问题：（1）大多数是阅读材料的罗列，基本上没有听、说和写作的内容，不符合《大纲》对能力培养目标的要求；（2）没有配套的能辅助于农业英语综合技能培养的课后练习；（3）知识缺乏层次性，难易程度上忽略了循序渐进性的原则；（4）教材内容陈旧，跟不上学科发展前沿；（5）文章体裁单一，一般只包含专业理论知识及科研论文。

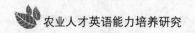

第二节 对策

传统的大学英语教学模式一般都是遵循学科的系统性、完整性和专业性。这种培养模式对于学生的个体差异以及教学中遇到的困难虽然有所认识，但缺乏具体的培养措施，有的时候甚至直接降低要求，让学生考试及格，凑学分，混毕业。在这种体系下，使得一部分学生的教育理想得不到保障。随着大学英语教育形式的发展，以及教学改革的深化，农业类大学英语教师的人才培养观和教育模式必须与时俱进。以科学发展观为指导，贯彻以人为本的精神，建立起以学生为中心，以促进学生全面发展为根本目的的新型教学理念。深刻认识到学生的个体差异，了解到学生对英语学习产生的焦虑，将学生视为不断发展进步的、有个人意识的、行为心理不断变化的生命体。针对以上部分提出的问题，提出如下几点建议：

一、教育模式

高等教育大众化，意味着学术标准、人才培养规格的多样化，随着我国市场经济的发展与科学技术的普及，社会对英语人才的需求呈多元态势，各行各业需要大批不同规格和层次的英语人才。其中，复合应用型人才最受欢迎。因此，我国高校本科英语专业相继对原有的人才培养模式进行各种尝试性改革，目前主要有以下几种模式：（1）英语+专业知识（这里的"专业知识"是指英语语言的文化、文学方面的知识）；（2）英语+专业方向，尽管这两种模式在各高校都有实行，但模式（2）更接近"厚基础、宽口径"的知识构建原则，更接近复合应用型人才培养要求。

二、课程体系

根据英语复合应用型人才培养总体目标要求，英语课程体系必须围绕复合应用型人才的知识、能力、素质三方面和谐发展，这种和谐是指基础与应用、理论与实践、知识与素质、选修与必修等课程的一种科学合理的优化配置，这种配置可以通过在专业平台上搭建结构明晰的模块形式来表现，英语专业的课程体系可以由以下几个课程模块组成：

（1）语言基础知识与基本技能模块——旨在训练学生必备的听、说、读、写、译等语言综合基础知识与技能，为今后的专业方向学习打下扎实的语言基础，主要课程包括语音、综合英语、阅读、听力、口语、写作、翻译等；

（2）专业方向课程模块——旨在让学生根据个人兴趣爱好和社会需求进行跨专业、跨学科修课，构建学生的复合知识结构，培养创新意识与能力，主要由除英语以外的各专业学科基础理论与实践课程构成专业方向模块，例如农贸、生态学、农业方面的专业术语等；

（3）知识应用模块——旨在培养学生综合思维能力与知识应用能力，由相关课程的实验与活动构成，如口笔译实验、旅游、经贸、文秘、农业等学科的基本技能实习，小型研究活动与学科竞赛活动等；

（4）实践环节模块——培养外语应用型人才与其他专业一样，也要重视理论联系实际，除了第二课堂的各种语言实践活动以外，还应有适当的社会实践。目前我国很多院校通常采取第八学期集中实习的方式，实践证明，学生在毕业前集中实习，即使遇到问题，特别是发现自己知识欠缺时，已没有机会重新回到课堂去弥补，仅在毕业前安排社会实践，对教学全过程只起到检验结果的作用，而无法对结果进行修正、补充。我们不妨尝试英国大学通常采用"三明治"模式，即"实践——学习——再实践"模式。外语专业学生可以在二年级下，或三年级上安排2～3周停课社会实习，这样可以使学生在"做中学，学中做"，一方面检验所学语言知识与技能应用，另一方面也在实践中找出差距，促进后期学习的主动性，提高针对性。我省垦区有着许多优秀的企业，可以为在校学生提供良好的实践环境，学生通过实践既锻炼语言，又了解了未来工作的环境，开阔了视野，为今后的专业努力方向也奠定了基础，毕业后一旦走入垦区的工作岗位会尽快进入工作状态。

三、分级教学

根据不同层次学生的英语基础，将学生分成三个级别，每个级别采用不同的教材和教学方法。A班课堂教学以学生自学为主，老师全英文讲解为辅助。侧重对学生英语综合运用能力、自主学习能力的培养和文化素质教育。教学过程注意实用性、文化性和幽默性相结合，鼓励学生多回答问题，增加适当的补充材料，多布置课外作业，并可以适当请外籍教师做讲座，增强学生对西方目标文化比较原汁原味的吸收。B班老师在授课时尽量以英文讲解为主，讲到比较难的问题时可以使用中文帮助学生对问题进行理解。加强培养学生的听力和口语能力，适当布置一些和课堂内容相关的课外作业。C班教室授课时借助较多的中文解释，课堂内容尽量围绕课本内容展开，侧重打牢基础，增加词汇量。同时，对于目标文化尽量多的讲解一些入门知识，比如组织学生观看英语原声电影，了解英语国家的文化语言习惯，使学生对英语学习产生兴趣。

A、B、C三级定期调整，实行"滚动制"，每个学期末学生可以提出申请进入其他级别的班级继续学习，学校根据学生在上一学期的学习表现、期末考试成绩，以及是否通过国家四六级考试等决定是否批准学生的调级申请。这样，学生就有机会调整到适合他们英语水平的班级里学习。

四、制定较为完善的课程教学实施方案

（1）教师应对《大纲》进行仔细研究，针对学生实际，制定出合理的听、说、读、写、译各方面技能培养目标。

（2）根据教学大纲制定出详细的课程教学实施方案，包括教学内容、教学方法、教学手段、考核方式等。①教学内容的选择应参照《大纲》对能力培养的要求，且与学生的英语基础相适应；②在教学语言的使用上，除考虑到给课堂教学创造一个良好的语言氛围外，还应考虑到学生的实际接受能力，建议采用循序渐进的原则，即由以汉语为主、英语为辅的教学语言逐步向以

英语为主、汉语为辅的教学语言转变；③教学方法的设计应重点考虑教师的主导作用与学生的主体地位，根据需要将讲授法与启发提问法、讨论法等进行有机结合，同时本着"授之以渔""精讲多练"的原则，布置课外作业，将课内外教学密切联系起来；④教师应充分认识到多媒体及网络的教学辅助作用，将传统的授课方式与多媒体教学巧妙结合，以激发学生的学习热情；⑤注重考核方式的设计，建立包括课堂表现、出勤、小测验、作业等在内的平时成绩考核体系，且将评分标准细化，以使学生认识到平时学习的重要性，从而提高教学效果；期末考试应注意题型的多样性，以考核学生的综合技能。

（3）教师应记好教学日志，以便及时总结教学得失，不断改进。

（4）建议农业英语教师备课时书写详细教案，即将每一部分授课内容都写清楚具体的备课方案和讲课大纲。

五、加强教学管理部门的重视程度

教学管理部门应该从增加学时、减少授课班型等方面给农业英语教学提供一些必要的条件；组织成立农业英语教研室，定期组织教学观摩与教学方法研讨会，开展农业英语教学比赛与课程教学名师评选等活动，加大农业英语教学研究的立项；建立良好的监督与激励机制，将督导评课、同行评课、学生评课的结果与职称评定、津贴直接挂钩。

六、注重学生人文社会科学素质的培养，加深学生对语言学习规律的理解

农业类院校学生普遍缺乏人文社会科学素养的现实，直接制约着学生对英语语言学习规律的深入了解，对英语语用知识的了解宛如雾里看花。因此，加强农业类院校学生的人文社会科学素养的培养，对于培养学生的英语语用能力来说，无异于起到了培本固元的作用。教师在实际教学实践中，应有意识的多向学生传授些人文社会科学方面的知识，并鼓励学生平时多接触国外文化。

七、针对农业类院校大学生对英语学习普遍存在的焦虑情绪，应采取措施帮助学生们减轻英语学习焦虑

首先，应正确认识语言焦虑存在的普遍性，这点教师应该有清楚的认识，并且帮助学生本人也正确认识这一问题，这是提高英语教学效果的前提条件。第二，教师要帮助学生树立自信，给予学生更多的鼓励、表扬，尤其要重点关注自信心不足的学生。第三，教师要营造轻松自由的课堂环境。一个有幽默感、友善和耐心的老师，能给学生一个放松、自由的感觉，学生的压力会减少很多。第四，教师要尊重学生的学习风格、学习偏好和个性特征。针对不同的学生应该采用不同的教学方法，组织多种多样的课堂活动，以满足学生不同层次、不同方面的需要。最后，强化英语学习动机。应采取各种措施，发掘培养学生的学习动机，同时注重将学生的表层动机转为深层动机。这样可以促使学生克服日常学习和考试中的各种困难，排除焦虑的各种干扰，最终学好英语。

第三章

农业人才英语能力培养的
目标定位

第一节　社会需要

一、调研目的和内容

调查的主要目的为使农业院校涉农专业学生的英语能力培养符合农业发展的职业需求，同时涉农专业学生的岗位能力与市场需求相吻合，需要了解农业企业对涉农专业学生的职业英语能力的需求。在对农业相关企业进行调研，设计以下问题：企业的岗位和工作场景对英语需求程度、涉农专业毕业生职业英语能力对于企业将来的发展重要程度、涉农专业学生职业英语能力现状及企业对职业英语能力的满意度调查等。通过对问卷结果的数据分析，提出农业高校公共英语教学的改进意见。

二、调查对象

调查研究的对象涉及从事农业相关工作的技术基层人员和农业相关的用人单位。

三、调查形式

（1）问卷调查形式。设计了10道题，每题提供3～4个选项。题目的内容主要针对用人单位对学生英语能力需求方面。向农业相关的用人单位的职员和主管领导发送纸质问卷和电子邮件问卷共计120份，其中5份填写无效，有效率达95.8%。

（2）访谈形式。课题组成员到涉农类专业实训实习基地及用人单位进行走访，面对面地交流及了解企业对高校涉农专业毕业生英语岗位能力的要求及企业对英语课程设置的建议。

四、调查结果

（1）关于企业对技能型人才使用英语的要求的调查。期望员工具备日常英语交流能力的单位75%，期望员工英语水平能够胜任专业要求的单位占84%，英语在工作中必备的单位超过50%，工作中完全不需要用到英语的仅仅占13%。进一步说明，企业对于具备职业英语能力技能型人才有很大的需求，对于高级技能型人才来说，职业英语能力越来越成为入职的基本要求和条件。

（2）企业对涉农专业学生英语应用能力的需求。用人单位企业认为阅读能力的重要性占83%，口语和翻译能力的重要性均占64%，听力能力的重要性占40%，写作的重要性仅占17%。这表明企业对毕业生英语应用能力的需求主要在阅读、翻译和口语，其次是听力和写作的技能。

（3）涉农企业对"学生职业英语能力对企业将来的发展重要性"的态度总体认为是重要的（重要的占58%，极其重要的仅占22%，不重要的占16%，极其不重要的仅占7%）。

（4）涉农企业对学生职业英语能力满意度调查。涉农企业对学生职业英语能力不满意高达47%，学生职业英语能力一般满意仅仅34%，学生职业英语能力比较满意度和非常满意分别仅仅为12%和7%。

（5）通过调查和访谈英语在实际工作运用得知，涉农专业学生在工作中使用频率较高的英语技能是日常口语交际能力占35%，专业资料阅读翻译能力、专业工作场景交流能力及普通资料阅读翻译能力分别为30%、20%和15%。

（6）对企业对涉农专业毕业生在具体实际工作场景使用英语的能力的满意度调查，整体显示企业"不满意"比例最多。企业偏低的满意率显示了高校毕业生职业英语能力还较薄弱，公共英语没能很好履行培养学生职业英语能力的使命，公共英语教学与职业需要没能很好对接。

五、英语课程教学问题

在对农业相关企业进行调研，大部分用人单位对农业英语职业能力的需求都比较大，而用人单位对涉农专业毕业生职业英语能力的表现不太满意，反映出学生职业英语能力和用人单位的需求之间还存在很大差距，凸显出大学英语课程教学存在诸多问题。

（1）教学目标的定位不准确。目前多数高校公共英语教学存在的普遍问题是教学目标的定位不准确。高校教学目标定位在单纯提高学生语言基础知识上，即强调听说读写译基本功的提高。以打基础和应付考试为目的的英语教学，占据了高校公共英语教学的主流。

（2）高校公共英语教学缺少职业特色。结果发现，多数情况下毕业生不能够在自己专业领域用英语开展学习和工作，在职业场景中用英文表达及沟通的能力、英文阅读及翻译能力、写作及相关邮件处理能力、获取相关英文信息的能力，难以胜任实际工作要求。英语实际教学严重偏离了培养学生职业英语能力的使命。

（3）教学内容和教学方式有待优化。如何把农业知识和英语应用能力更好地结合起来以适应工作岗位的需要，成为涉农专业大学英语教学成败的关键。农业院校英语教学仍采用以教师为中心，教师灌输式传授知识，学生被动式接受知识。课堂教学情景设计单一，英语听、说、读、翻译和写作提高幅度小，不利于培养学生的实践能力和职业能力。

（4）缺乏合理的对职业能力的评价方法。大多数院校农业英语现行的考核方式都是笔试，考核内容以书本重点知识为主，主要考查学生对课本核心知识和重点知识的掌握情况，而学生的方法能力、社会能力和实践能力都很难在试卷上考查出来。评价方法很大程度上影响了教学形式和教学手段。

（5）"双师型"教师缺乏。高校大部分英语教师由于对所教学生的专业不够了解或根本就一无所知，即使在处理与专业相关联的英语知识时，也只停留于表层的词汇认知、语法剖析和句子结构分析，不能做到在英语和专业为学生进行适当地运用及讲解。

第二节　培养要求

农业高校以培养为农服务的高级技术技能人才为目标，大学英语是高等院校为农业类专业的学生开设的一门必修公共课程，如何培养既具有扎实的农业专业知识和较强英语应用能力和职业能力，能运用英语进行农业涉外服务的职业技术人才，是高校公共英语教学探索的重点。针对问卷调查的分析，笔者认为就农业高校公共英语教学提出以下建议：

一、确立职业英语能力培养作为高校公共英语教学的目标

农业院校农业英语教学目标要顺应高校人才培养的定位，增强学生农业知识的学习能力，还要注重学生农业英语实践能力和职业能力的培养，为专业人才的培养服务。职业英语将特定的专业内容与英语教学相结合，形成和专业知识相融通的英语能力。确立职业英语能力培养为高校公共英语教学的目标，从重视英语知识的传授转变成重视英语能力的培养，为增强学生职业英语能力而教英语。

二、优化公共英语教学内容

职业院校在选择高校英语课程教学内容资源，应以有利于培养学生的职业能力为依据。公共英语教学所传授的英语语言知识应与学生将来从事的职业有密切的相关性，能更好服务专业领域工作。英语教学可合理增加有关农业效果内容。比如，可以在公共英语的阅读和听说等课程中增加涉农的知识或主题，让学生掌握相应的涉农英语的知识。

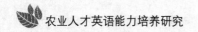

三、增加实训、实习的体验学习，丰富公共英语教学形式

高校英语教学一方面要让学生具备扎实的英语基础；另外一方面是注重培养学生在日常生活及职业场景中使用和运用英语能力的。高校公共英语的实训中，创设出工作的职业场景，给学生提供一个学以致用、用英语处理具体工作的平台；实习期间，学生在具体工作中运用英语，语言能力在体验学习中提升。高校公共英语开启实训和实习的模式，不但体现出英语的趣味和实用，而且极大丰富了教学的形式。

四、采用形成性与终结性评价相结合的考核方式

在考核的形式上，既要考核英语基础知识点的掌握情况，又要考核学生的实践和职业能力。在通用英语课程考核中，加强对学生听力和口语技能的形成性考核。通过学生自评，学生互评和教师评价等方式对所学内容对学生进行阶段性考核和综合考核。

五、加强企业和学校的融通，促进"双师型"教师培养

培养"双师型"教师可以采取"内培"。公共英语教师可依据自身兴趣，对教授专业当成自己第二专业来进行学习与进修，学院为公共英语教师提供对应专业企业培训及适当的企业实践，让教师对岗位中必备的专业知识和技能、岗位中英语的使用场合及策略等产生认识和体会。在英语教学中达到英语与职业的融合，让英语名副其实地为职业需要服务。

第四章

农业人才英语能力培养的
方案制定

第一节 改造传统专业

付大安认为"地方本科院校的人才培养目标应定位于培养应用型人才，服务于地方或行业经济"。基于此，农业类本科院校的人才培养目标定位就更为明确。中国是一个拥有着十几亿人口的农业大国，农业发展是整个国民经济发展的基础。改革开放以来，中国农业对外开放程度不断加深。目前，我国已与100多个国家、组织和机构建立了长期稳定的农业科技交流与合作关系，加强涉农人员的派出，聘请和引进大批农业科技人才。但针对合作层次低、投资难等问题，我国农业科技人员尚不能达到要求。具有农业科技的人才英语水平普遍较差，而英语水平较高者又缺乏相应的农业科技知识。

2016年发布的《大学英语教学指南》中明确提出"大学英语教学以英语的实际使用为导向"，应满足学生"专业学习、国际交流、继续深造、工作就业"等方面的需要。而现行的大学英语采取"一刀切"的教学模式，所有的学生学习几乎同样的内容，采用同样的教学方法，使用同样的测评方式进行评估，无法满足学生的多种不同需求。本研究通过农业类院校124个学生的调查问卷分析发现，约有30%的学生认为现行的大学英语课程能够满足他们日常交流、阅读文献、去英语国家深造、进入外资企业工作的需求。相反，ESP课程的定义虽没有定论，但是可以明确的一点是ESP教学是建立在"需求分析"的基础之上，针对某些具有共同目标的特定人群所开设的课程，这与英语教学的改革方向是一致的。在参与调查问卷的124名学生中，约77%的学生赞成增加与专业知识相关的英语课程。在参与调查问卷的37个用人单位代表中，约95%同样认为有必要在高校的英语课程中加入专业领域的英语教学内容。

在我国开展ESP教学的一些学校已经取得了较显著的成功。如宁波诺丁汉大学，采用英国教育模式并且取得了成功。与普通高校相比，诺丁汉大学对大学英语课程有非常明确的教学目的，并且以社会需求和个人需求为导向，设计教学内容、教学方法和评估办法。台湾成功大学自2007年向ESP教学转型，通过对比实验发现经过ESP学习的学生的测试成绩有了明显提高。

我国是一个农业大国，农业有着至关重要的作用。在改革开放和全球经济一体化的过程中，尤其是在加入世贸组织后，农业国际交流与合作频繁，我国农业可分享国际分工的利益，最大限度地避免各种各样的新的国际竞争环境风险，这在很大程度上取决于我国农业人才的地位，尤其是精通农业科学技术、有资格参加国际会议和谈判的高素质农业英语人才。这就要求农业院校改革大学英语教学，加强农业英语人才的培养，拓宽知识面，提高能力和素质，满足社会对外语人才的需求。

由王静萱担任主编，收集与整理了所有资料，2017年2月由重庆大学出版社出版的《农业英语》。该书是"甘肃省教育科学'十二五'规划课题"（2013年度）研究成果。全书由12个单元组成，内容选择上难易结合，循序渐进，涉及自然资源、农业、植物、农业技术、现代农业、食品加工、种植、植物保护、生态农业、外贸英语以及应用写作等方面的知识。每单元有3～5篇文章组成，题材实用，相关知识都配有图片，帮助学生记忆和理解。为便于学习者学习，每篇文章均配有难句和要点注释、练习、参考译文及参考答案，以提高学生专业英语综合能力，帮助专业人员自学。附录部分增加了作物和蔬菜水果、农业经济等专业术语，便于学习者查阅和应用。

《农业英语》一书体现出专业英语的重要性，这就要求农业类院校改革英语教学，加大农业英语人才培养的力度，拓宽他们的知识面，提高他们的能力和素质，满足社会对外语人才的需求。专业英语要注重语言基本功和语言应用能力的培养。农业类专业学生英语基础参差不齐，大多数来自农村，学生英语基础较差；教学课时难以保证；师资水平有待提高；教学方法有待创新，这些都是农业类专业英语教学中存在的问题。

农业专业学生要提高英语读写能力，首先要帮助学生树立自信心，调动他们的积极性。农业专业学生基础较差，教师应重视学生的积极因素，提高学生的学习速度和效率，培养学生对专业英语的兴趣，使其养成稳定持久的专业英语学习习惯。教师可以根据学生的特点设计教学内容，突出教学的重点和难点。教师可以在课余时间给学生布置适当的家庭作业，扩大他们的学习，最为关键的是要有效地提高教学质量和农业专业英语教师的教学水平的，专业英语教学不仅需要教师有深厚的专业知识，而且还能够用英语表达专业知识，分析专业词汇，与学生交流学科知识，实现课堂教学的互动。然而，对于大多数没有接受过专业语言培训的教师来说，学好这门课并不容易，要加强对英语专业教师的培养和培训。

《农业英语》教材是高等学校（包括高等专科院校和高等职业院校）农业类专业学生学习专业英语编写的工具书，农、林、生物、环境等专业的学生都可选用。同时，也可供各类成人院校及广大农林企业从业人员学习专业英语，提高涉外业务交际能力使用。在农业专业英语人才培养方面，农业院校必须从学生的实际情况和社会需要出发，采用科学合理的教材和教学方法，加强对学生语言应用能力的培养。突出专业特色，大力发展农业英语人才培养；重视西方文化的输入，促进国际交流；培养适应社会需要的专业人才。此外，还应该注意，在大学英语的改革中取得实质性进展的农业学校，除了学校的改革政策和教科书，最重要的是有一批高质量、跨学科大学英语教师，所以学校也应该努力培养高素质的教师队伍。

一、将农业类院校英语教学与专业结合的重要性

目前农业类院校的英语教学现状是缺乏阶段性、层次性与渐进性，先教授基础英语课程，后设置专业英语课程，据调查某农业学院的问卷结果显示，英语四级的通过率为50%以上，而六级英语的通过率仅为三分之一，大多数学生学习英语的动机是通过等级考试，这就造成了学生的英语职业能力无法得到有效的提升，无法满足社会对现代化农学综合性人才的需求，因此加强英语教学与专业的结合已经成为农业类院校刻不容缓的事情了。

二、加强英语教学与专业的有效结合的措施

（一）创立多样化的教学环境

高校的英语教学应摆脱传统的教学观念，树立以培养学生的实际英语综合能力为教学目标。通过创立多样的教学环境比如开展一系列有关英语的比赛、建立英语角、带领学生去与专业相关的外企参观，经过亲身体验在实践中提升学生的英语应用能力。另外农业类院校的教学模式也应顺应开放式的

英语教学趋势，学校可以改变英语教室的桌椅布局，为师生营造活跃的课堂环境来拉近他们之间的距离，不仅有利于增加师生间交流的机会，更有利于提升教学质量。

（二）培养学生的学习兴趣，挖掘他们的潜力

农业类院校的英语教学首先应注重提升学生基础的扎实程度，丰富的知识储备是实现英语交流与运用的前提条件，同时在英语教学中应培养学生的口语能力，纠正学生的发音，可以通过趣味问答的形式来激发学生对英语的学习热情，使之不仅能提升学生未来的形象，而且能拓宽多方面的就业机会，另外在英语教学中教师可以通过观察或情景模拟等方式挖掘学生在英语某方面的潜力，并通过正确的教学模式使他们的潜力发挥出来。

（三）发挥学生的主体性

农业类院校的英语课堂应发挥学生的主体性，树立培养学生个体化学习与自我能力提升为目标，增强自己的主体意识，同时学生要认识到自己在学习英语中发挥的作用，只有通过自己的能力才能提高学习效果。另外要激励学生的学习动机，就需要教师时刻关注学生的情感，营造出宽松和谐的教学氛围，加强与学生在心灵上的沟通，从而提高学生作为教学主体的意识。

（四）加强教学内容与职业发展的关联度

在高校英语教学中，其教学内容应突出专业性的特点，注重培养学生的专业能力，从而满足学生未来工作岗位的职业需求，针对目前高校英语教学内容与专业发展关联度不高的问题，学校应该选择与学生所学专业有关的英语内容进行教学，并将英语运用到专业实践中，从而提高学生对英语的重视程度，积极地投入到英语课程中，不仅有利于提升教学质量，更有利于为社会培养出综合能力较强的人才。

（五）健全英语考核制度并加强师资力量

对于健全英语考核制度，应在基础知识的检测上，注重对学生英语应用能力的考察，选择笔试与口试相结合的方式，在口语考试中可以设置一些面

试情景，使学生能够真正掌握职业英语能力，为将来步入社会奠定良好的基础。对于加强师资力量，学校应努力增强英语教师的专业化为教师提供专业实习的机会，有助于为今后培育学生提供强有力的保障。

总而言之，针对农业类院校的英语教学存在学生主体性弱、自我学习能力不强的缺陷，学校应对英语教学模式进行有效的改革，加强英语教学与专业的结合，不仅有助于培养学生的英语应用能力，开发其发散性思维，更有利于通过因材施教的方式提升学生的英语水平，为社会输送高素质的综合性人才。

第二节　优化课程体系

一、注重英语课程体系的整体性和系统性

在教学过程中，我们要注意课程体系的整体性和系统性，不能生将英语和农业两个学科的课程生硬地拼凑在一起。我们应该采用整体语言教学法，把语言看作一个整体，培养学生的听、说、读、写、译5种英语技能。我们还应该合理地规划课时量，注重英语课程的系统性。按照学生的知识结构来设置课程模块，使课程结构更加系统化，进而有效地支撑学生知识结构体系的构建。

二、促进英语课程与农业专业课程的衔接

促进英语课程与农业专业课程的衔接，加强学生对其他专业课程的了解和学习，有助于扩大学生的知识面。在英语和农业专业的衔接上，教师要与学生共同研究并解决问题，打破课程与课程间的藩篱。同时要推进学生语言应用于实践的进程，使学生更适合人才市场的需求。促进英语教学建设与地方农业经济建设社会发展的结合，密切英语与社会的联系，让学生学以致用。

三、增加学术英语课程内容

增加学术英语课程内容，拓展英语教学范围。学术英语的教学要以农业项目的驱动为主，通过以下几方面的学术英语课程的完善来提高学生的英语水平。

（一）口语训练

在练习中让学生围绕论题进行小组讨论，然后让小组内的学生代表选择

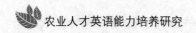

某一论题在班上交流。之后，要求学生将其观点以Presentation的形式在班上表达。

（二）写作训练

先要求学生读一篇和课文题目相关的短文，然后要求学生从各自的角度进行写作。写作的单词数可以根据作文所要表达的内容决定。

（三）模拟学术会议

这与一般的英语课堂讨论不同，先让学生以个人或小组的形式围绕学术会议内容搜集、查阅相关资料，使用英语学术语言撰写论文。在课堂上，首先由教师宣读会议主题以及会议程序，接着同学们宣读论文，最后围绕一个或几个主题展开讨论，教师做总结。

增设学术英语课程能够拓展学术的视野，优化他们的知识结构，提高他们的英文素养。

四、将英语学习和社会实践有机结合，激发学生学习英语的兴趣

英语教材的编写要符合学生的认知水平，同时还必须具有实用性和实效性。教材内容必须与时俱进，有广度和深度。开发英语网络资源，优化英语教学资源。将英语学习和社会实践有机结合，激发学生学习英语的兴趣，增强农业院校学生英语的实践能力。

五、课程设置要以学生为中心，增强师生互动

打破旧有的以教师为中心的课堂教学模式，落实学生学习的中心地位，增强师生课题上的互动。鼓励和引导学生积极参加英语辩论赛、英语演讲比赛、英文诗歌比赛、英文模仿秀比赛、英文电影配音比赛、英文小品等活动，让学生在实际的活动中发挥自己的语言运用能力。学校应该积极安排学生进行实习或观摩，以促进教学与实践的联系。

（一）教师模块

教师是教学中的主要人员，所以教师对教学质量有着直接影响，教师是教学的组织者，同时也是知识的传授者。在对大学英语教学质量保障体系进行建设时，教师要不断提升自己的专业素质，在教学中采取先进的教学理念和有效的教学方式，实现大学英语教学目标。在实际教学中，教师不但要判断教学资源的价值，同时还要对教学资源进行开发和有效运用，并且还需要不断地吸收更多新的知识，这样才能够提升自己的专业能力，从而保障教学质量。

（二）学生模块

学生是教学中的主体，学生的学习效果和大学英语的教学质量有着很大的关系。学生在教学中要养成自主学习能力，不断加强自身的英语实践能力，继而成为社会所需要的农业人才。所以，在教学过程中，激发学生对英语的兴趣是十分重要的。目前很多学校除了设置基础的大学英语课程以外，还设置了专门用途的农业英语课程，这样就可以让学生依据自己的专业和自身需求选修对自己有用的课程，让学生积累更丰富的运用知识，掌握英语技能，使其离开校园之后成为社会需要的农业专业人才。

六、英语教学评价体系

教学评价体系的构建是指根据一些标准对教学活动和教学效果进行判断，教学体系的好坏和教师教学能力有一定关系，同时也关系到学生的学习效果与能力。在农业人才培养模式下，大学英语教学评价体系构建方式如下：

（一）注重以人为本

在大学英语教学中，教师要对学生学习基础进行了解，在教学中考虑学生学习特点，做好针对性的教学工作，在实际教学过程中，教师要将以人为本和农业人才培养模式相结合，在此基础上构建大学英语教学体系。在评价过程中，教师要摈弃传统教学中那种只看成绩的方式，而是要根据不同学生的学习情况来设置不同的评价标准。比如英语基础相对较差的学生，教师的评价标准要稍微低一点，而英语基础较强的学生，教师在评价时的标准要相对较高。除此之外，还需要设置平时学习表现的内容，让评价体系的结构更加丰富，同时也让英语教学评价体系更加客观。通过这种方式，英语基础较差的学生可以在学习过程中树立学习英语的信心，而成绩较好的学生则可以获得更好的进步，从而为学生成为农业英语人才打下坚实基础。

（二）采取多种评价方式

高校英语课程学习是为了让学生使用英语语言，这也是社会对农业人才的需要。因此，教师在教学过程中，可以使用多样化的方式对学生的学习效果进行评价。在评价过程中若是只使用量化教学方式对学生学习进行评价缺乏一定的客观性。教学本身是较为复杂的工作，为了让教学评价更加客观与公正，需要把定性与定量两种评价方式结合在一起，将定性评价为主要，定量评价则为辅。定性评价通常会受到人为因素的影响，但是定量则比较客观。所以，只有将这两种评价方式结合在一起，才能够让大学英语教学评价更加合理。除此之外，还可以从形成性评价与总结性评价两方面入手，总结性就是在一学期中的期中与期末考试，或者是四、六级考试。不过学生学习英语的过程是动态性的，若是在评价时只注重结果，则就无法对学生的学习情况进行客观评价。因此，还可以在评价中使用自评或者是他评的方式。将这两种评价方式结合在一起，构成完善有效的大学英语教学评价体系，培养学生的英语运用能力。

第三节　构建新型人才培养方案

一、英语专业设置以农业市场为导向

人才培养的目的在于使学生能够依靠自身的专业技术和实践能力在社会上找到自身的发展方向，从而在工作岗位上创造更多价值，为社会发展作出更多贡献。因此高校英语教育除了使学生掌握英语的基础知识与能力外，还要让学生具备社会各行业发展中所需求的英语能力，这就要求高校在英语专业的设置上要以市场需求为导向，提升专业的实用性。在这一方面，农业院校可以针对当前在校生生源的具体情况和当前市场环境中社会资源的分配情况，陆续开设一些农业专业英语、农业贸易英语、农业旅游英语、农业生态英语等多方向的英语专业，使得学生可以根据自己的特长、兴趣爱好以及发展规划等自主选择主攻的方向，从而将学生打造为具有过硬英语基础知识和较强职业能力的综合性人才，以便在步入社会后可以迅速找到适合自身发展的工作岗位。

二、英语课程体系建设以农业职业能力为核心

"英语+"多元化人才培养模式不仅注重学生的多元发展，更注重学生在自己发展方向上的职业能力。在这一方面，高校课程体系的设计能够起到关键作用。对于英语教育而言，其课程体系的建设应以职业能力的各项指标为核心，将校内的英语课堂教学与训练、校内的英语实践和校外的岗位实训等结合起来，形成各方向英语人才培养的教、学、做一体化培养体系。让学生根据校内所学到的英语职业知识与技能开展社会实际和岗位锻炼，再通过校外实训来融会贯通校内所学知识并结合实践经验来完善自身的专业知识体系，在此过程中，学生的职业能力将得到进一步锻炼与提升。农业院校在英语课

程体系的建设上，可以采用一、二年级学生在校进行专业知识与农业职业技术的学习和培训，三、四年级进行各种校内农业实践与校外农业岗位实训的形式，且教师可以在学生农业学习与农业实训的全过程中给予必要的指导，从而保证学生朝着正确的方向发展自身农业职业能力。

三、英语知识技能培训以农业岗位技能需求为目标

在"英语+"多元化人才培养模式的具体教学中，教学的内容应围绕学生未来工作岗位所需要的技能进行设置，从而使学生掌握自身岗位中所必须具备的各种知识与技能。例如，针对农业外贸进出口方向的学生，应为其提供商务英语、国际贸易概论与实务、报关实务、跨境电子商务、国际物流、农业贸易等方面的教学内容；针对农业旅游英语方向所需的教学课程有出境领队实务、旅行社经营与管理、各国人文地理、导游基础导论、农业人文等。同时，在具体的教学过程中，教师还应该穿插农业英语方向中的最新行业动态、先进知识理念以及服务于岗位工作的自动化、信息化办公软件操作与应用等方面的内容，使学生能够在学校中尽可能多地接触到农业岗位工作中所需要的知识与技能。

四、创新机制进行精准培养

"英语+"多元化人才培养模式的构建还需要与时俱进，对培养的机制进行全面创新，尤其在社会分工日益细化的情况下，人才培养机制更需要满足精准化培养需求。一方面，为了使学生能够提前对社会以及职场有个基本了解，提升学生就业时的岗位匹配度，高校应加强与企业、政府等的联系，与社会共同携手搭建起优秀英语实用人才培养平台，使学生进入到各个企业中进行锻炼和磨砺。另一方面，学校应联合各行业内的优质资源组建优秀讲师团队，如与农业行业协会、农业旅游部门、农业跨境电商优秀企业联合，从中聘请农业行业中的精英、领导或专家学者进行校内讲座、授课，或者进入到人才培养平台中为学生提供指导，传授职业经验，从而使学生在能力上实现与未来岗位的无缝对接。

第五章

农业人才英语能力培养的
过程设置

第一节　强化师资队伍

一、农业院校英语教师专业发展存在的问题

（一）科研意识脱离实际

对于农业院校的英语教师而言，多数都爱对时代创新的教学方式进行追求，却没有重视基础设施，也就是具有的硬、软件条件。作为平时的交流工具，英语也是一门语言课程，为了提高教学效果会应用很多视听设备，由于多数教学设备的滞后，无法实现预期效果。研究英语教学方式有多种，然而，真正和高校学生教学方式相适应的却实施起来很难，由于多数学生没有较强的英语基础，反倒使教学和科研的距离拉大了。部分教师为了晋升，对科研质量缺乏重视，只关注量，所以问题层出不穷。

（二）培训形式单一

农业院校很少有英语教师参加培训，不能满足教师外出接受新事物的需求。加之单一的培训形式，理论知识与实践操作无法充分结合，并且因硬件设施的缺乏，培训内容出现了与教学模式衔接不上的问题，效果无法充分发挥出来。而培训的终极目标就是通过少数人的成长带动大多数人成长，有效提升整体的师资力量。然而，从长远角度看，学院培训机制匮乏，培训也未和评优挂钩，未发挥出培养"双师型"教师作用。所以，在质量和数量上，农业院校英语教师培训形式提升的空间很大。

（三）教学模式传统

农业院校应用英语教学模式十分传统，平时教学中教师只对基础英语知识传授较为关注，却忽略了行业英语教学，且教学手段也不够先进，模式基本为教师——课本——黑板，和学生的互动交流很少，也未给学生发展创造

一定的空间。在教学实践中，农业院校的英语教师要求自己备好课，在每节课上更好地向学生传授知识，然而并未要求自己反思和改进教学实践。另外，教学中依然将老师作为主体，没有注重学生积极性的激发，不够重视学生接受能力，灌输式内容太多，而输出却很少，课堂教学管理策略较为短缺。

二、农业院校英语教师专业发展农业产业策略

（一）结合学生实际，改革教学方式、内容

现阶段，由于社会经济和科技的飞速发展，加之信息化的持续渗透，使得学生的生活和学习也日趋信息化、科技化。而一般的教学方式学生会觉得枯燥乏味，而学生会对媒体教学产生浓厚的兴趣和热情，如可将微博、微信等社交媒体软件引入到教学活动中，利于学生更好地去学习。鉴于此，需要对农业院校英语教师的信息化应用水平进行有效的提升，老师在会应用已有的视频、课件等音频资料的同时，并尝试添加和整合新资源，对教学资源加以丰富。另外，农业院校英语教师专业发展的热点就是找寻学生需要的英语知识，部分毕业生工作以后发现自己在行业中会用到很多英语，然而，因在学校中并未很好地去学习，所以会影响到当前的工作，这就证明了，英语教学，在教和学上未实现真正的平衡。教师应将专业与学生专业相结合，向学生传授专业英语的内容，学生的需求也将促进英语教师专业英语知识的发展，且此种需求可以进行满足，与此同时也反映出了英语在学科中的地位。

（二）教师要了解自己的差距，全面提高自己

2010～2020年《国家中长期教育改革和发展规划纲要》指出了，高校需要对主动服务社会的意识进行牢固树立，进行全方位的服务。也就是说，教师的本职工作之一就是为社会提供服务，并且多去参与科研研讨会，并在工作中进行灵感捕捉，有效实施服务社会发展的课题研究。刘子贤等人对教研融合的理念进行了成功的提出："为了促进教学科研的双向发展，在教学活动中应增加教师科研发展的个性化因素，充分发挥教学科研的互补和带动作用。"在教改基础上，对自身与专业发展距离进行清楚的了解，强化学习专业知识，尤其是从基础英语知识渗透到专业英语知识的学习，以此对英语课堂

的需要进行充分满足，提高专业素养、个人修养，最终提高专业满意度。通过广泛阅读，使知识水平得以提升，并使知识领域更宽广，从而最终与时俱进地实现教育研究能力和农业职业教育教学能力共同发展。

（三）改善体制机制，支持教师持续发展

农业院校应增强管理政策的支持，加大教师培训力度，使培训的作用最大化。

农业院校的管理者需要进行积极的鼓励和引导，保证教师在发展专业的同时获得一定的奖励，这样才能够更积极地投入专业发展。另外，农业院校需要加大政策扶持力度，强化对教师的培训，充分发挥出培训的作用。

学校还要尝试对英语教师进行国外培训，从而使英语教师的语言态度得以良好的改善，为农业院校英语教师专业发展提供助力。根据英语科目的特点，我们可以采用导师辅导制度，鼓励新教师向老教师积极进行学习，使老教师为新教师传授教学经验；也可组织所有英语教师参加姐妹院校的课程和评估活动，对外校的教师经验进行学习和借鉴；英语教师也可以与所带学生系本部门的专业教师进行交流，使英语教师了解专业教师教授的专业中的英语内容，从而使学生的行业英语能力得到更好地培养。另外，学院要在制度上支持教师去企业参加实践锻炼，并对一系列制度进行合理地制定，如奖励、评价、过程管理等。

（四）结合农业需求，更好地培养人才

当前，由于经济全球化的持续发展，农业作为支柱产业之一，得到了广泛重视。相关农业企业每年在当地高校吸纳大批人才去各部门工作，如市场营销部、仓储部、物流管理部、质检部、生产部等，在对外经济贸易活动中，对拥有农业专业知识和英语知识的复合型人才迫切需要。

农业院校作为一所以农业为主的高校院校，每年向相关农业企业各部门输送大量人才。因此，应加强与农业企业的合作，让教师深入企业，了解一线工作的实际情况，对企业需要的人才类型进行探索。教师也需要按照各行业英语的不同需求，从而对不同教学计划进行制定，并对不同的教学方法进行应用，为企业输送复合型人才，为农业产业经济发展提供助力。

　　对于农业院校英语教师专业的发展而言，其中维度多的课题，对学校、社会、学生和教师等因素均有设计。社会的支持会为学校的发展提供助力，并且学校的发展也会带动教师的进步，教师的进步也对培养复合型全能型人才十分有利，各方面的关系较为紧密。而正是此种良性的循环方式，为农业院校英语教师专业的可持续发展提供了助力，将培养出众多优秀的复合型人才向社会更好地输入，不但促进了农业产业经济快速发展，也对社会的进步和繁荣奠定了基础。

第二节　改革教学内容

一、农业院校英语教学强化实用性教学内容的必要性

（一）农业院校教育的目标就是培养实用性技能人才

农业院校学校与其他一般普通院校相比，担负着特有的教育职责，即为社会输送满足社会发展需求的实用性技能人才。而从英语教学的本质特征来看，其教学就是理论教学与实用性教学的统一，只有打好理论教学的学习基础，才能灵活运用实践到实际生活中；只有强化实践应用，才能深刻理解相关词汇语法的具体内涵。此外，英语作为一门语言教学，仅仅靠教师的讲解是不能深入学生的脑海里，只能借助于实践情景，深化学生对于理论知识的理解，这便侧面体现了农业院校教育的教学目标就是培养实用性的农业技能人才。

（二）实用性教学能够帮助学生顺利就业

农业院校的学生大都是基础知识不牢固、学习能力差、知识水平相对较低的群体，他们不能够借助自己的知识理论优势去接受更加高等的教育，因此他们就只能借助农业院校这个教育体系来强化自身的专业技能，提升自身的专业化程度，这样才能满足社会发展中对于人才的需要。在农业院校英语的教学中，如果教师只注重对理论知识的教学，那么就不利于学生自身综合能力的提升，也不利于学生在社会上凸显自己的人生价值，所以就需要教师以实用性为教学的主要着力点，满足学生的就业需求和社会对于人才的需求，从而帮助学生顺利就业。

二、农业院校英语教学资源库的内容结构

（一）阐述农业英语教学资源数据库

教学资源库是以信息技术为依据，将资源进行集中储存和使用网络系统，它的主要目的是为了实现资源共享，为知识管理与教学的结合提供平台。高校农业英语教学资源库主要分为影像资料、文字、题库、实践资料、案例分析等，他为学生的个性化发展提供条件，让学生可以利用多样化的资源，进而实现资源的集中配置。

（二）高校农业英语专业教学资源库的主要内容

1.农业英语专业课堂教学资源库

英语专业课堂教学在原始资源库的重要内容，也是学生学习过程中最核心的学习资源。因此在构建专业课堂教学资源库时应该根据学生的实际需求以及专业特点构建具有科学性和实践性的资源库，具体来说这一模块的数据库主要包括课程设计、教学资源管理以及学习经验的交流等内容，另外教师的教学材料、本单元的重难点总结以及课后练习等资源都是学习模块的重要组成部分。除此之外，教学材料除了课堂学习资源外还包含其他与农业英语相关的案例分析，这也是学生提高自身实践能力和应用能力的重要途径。

2.学校与企业合作的资源库

校企合作是当前高校培养社会需求型人才的重要基石，学校与企业合作为学生事件提供平台和机会，以此来提高学生的农业专业技能和农业职业素养，只有这样才能提高高校人才质量，所以学校应该将企业的资源进行整合，合理配置资源为学生提高综合能力奠定基础。学校与企业合作的资源库具体内容包括企业名单、企业介绍以及相关用人需求，同时还要整理企业的相关活动，让学生可以在平台上了解企业，进而选择适合自己的用人单位，而且学生还可以根据用人单位的用人要求针对性地提升自己。

3.跨学科教学资源库

农业英语学习除了包括农业相关知识和英语翻译之外还要学习其他科目的相关知识。比如地理知识可以使学生更好地扩宽自己的知识领域，让学生

可以了解各个地方的风俗习惯和地域文化，经济知识可以让学生从多个角度认识一个地区的历史和文化。虽然表面上看这些学科与农业专业英语教学没有关系，但实际上它可以完善学生的知识体系，让学生可以从地域特点、历史文化、人文经济等方面全面认识地区文化，这也是学生学习农业英语知识的重要保障，它可以为学生今后走上工作岗位奠定基础。

（三）构建高校农业英语专业共享平台的主要策略

高校英语农业共享平台主要有整合的数据资源库、网络沟通渠道构建以及管理操作等部分构成。下面主要从以下几个方面探究构建高校农业英语专业共享平台的具体策略。

1.教学资源库的建设

教学资源库的建设内容除了包括农业英语专业相关资料之外，还包括校企合作的资源以及与英语专业相关的其他学科教学资源和英语资格证书学习资源。资源库的内容主要以数据的形式保存，它在修改、输入和输出等方面有很大的优势。另外在建设教学资源库时要根据不同用户的不同需求为用户提供针对性服务，满足用户的多种需求，进而提高教学资源库的有效性。

2.数据库共享平台的学习模块

在共享平台中学习模块主要是为了给师生进行交流和沟通提供平台和机会，在这个平台上学生可以提出自己的问题，有教师和其他学生进行解答，这在一定程度上加强师生之间的交流，为构建和谐的师生关系奠定基础。同时师生可以实现在线学习，从根本上打破传统学习模式的局限性，进一步提高高校农业英语教学质量。此外，学习模块可以利用计算机资源共享的优势互相分享资源，并选择自己需要的资源进行下载，这对培养学生的自主学习能力和总结能力有很大的帮助。

3.数据库共享平台的系统操作模块

数据库共享平台系统的操作模块是平台运行的基础、是其他模块顺利工作的重要保障，其中操作模块主要包括操作员注册、用户权限设置、日常活动管理、维护、防火墙以及监控等，操作者可以通过操作模块对系统进行管理，而且可以根据用户的实际情况制定注册、登录和注销的流程，增强共享平台的科学性和规范性。另一方面，为了防止不良信息对数据库造成影响，系统操作模块要对用户的使用信息进行监测，同时还要做好日常维护工作使其能够正常运行。

综上所述，高校农业英语教学资源库的建立可以为学生学习提供优质的资源，使资源能够合理配置，进而提高农业英语教学的针对性和实效性。高校应该为共享平台的创建提供条件，为学生提供全面的资源数据库，让学生可以根据自己的需求选择需要的学习资料。另外，数据资源库的建立可以增强师生间的联系，使教学活动可以顺利进行，这也是提高教学质量的关键举措。为此，学校可以从农业英语专业课堂教学资源库、学校与企业合作的资源库以及跨学科教学资源库这三个方面入手建立数据资源库，进而高校为培养优质人才奠定基础。

三、农业院校英语教学中的实用性教学内容分析

（一）词汇教学

词汇是语言的三大要素之一，是培养学生英语表达与交流不可缺少的基础语言材料。离开词汇，就无法组成语言，因此词汇教学要从运用的角度出发，重视学生的词汇搭配、辨别，丰富学生的词汇积累，提高学生的认知以及灵活运用词汇的能力，指导学生用适合自己的方法进行英语词汇的识记。例如：音标法、象形法等方法，提倡在语境中学习英语词汇，提高学生英语词汇的学习效率，避免出现死记硬背的学习方法，从而有效提升英语在学生学习中的实用性。

（二）阅读教学

阅读能力的培养是农业院校英语教学中的重点教学内容，也是学生能够很大程度上运用到社会中的能力。在阅读能力的培养中，教师应当根据学生的等级不同，进行针对性的教学，以英语阅读为契机，培养学生的英语综合水平和素养。针对基础较差的学生，教师可以讲解一些较为简单的阅读理解，以扎实学生的基础为教学目的；针对基础较好的学生，教师可以拓展一些英语新闻等材料，拓宽学生的眼界。通过对不同等级学生的教学，提高学生的总体水平。同时，教师还可以根据时代特色，适当的改变课堂教学方式，以

提升学生的学习兴趣。用这种结合社会发展的教学方式，能大大提升英语阅读教学的实用性。

（三）语法教学

对于语法教学而言，最重要的就是打好学生的语法学习基础，提升学生对于英语语法的学习兴趣，才能提升语法教学的实用性。教师可以通过英汉两种语言语法的对比，找出异同，加深学生的记忆，从而促进学生对英语语法的理解和认知。此外，教师还应当注重英语语法的适用环境，不能死板地教学生，而应当根据语境和交谈对象的不同，选择适用的语法进行交流。

（四）听力教学

教师在听力教学中，应当收集各种有声材料，利用广播、网络、电视、电影等材料、充实听力教学内容，而且应当向学生提供具有真实工作场景的英语听力材料，让学生能够身临其境，切身地感受到英语听力的学习在工作和生活中的应用，以此来提高学生的农业职业适应能力。值得注意的是，听力教学不应该以应试教育为目的，而应当培养学生在听的过程中的筛选、记忆、归纳、概括等能力，培养学生对语气、语调、背景以及各种非语言信息的提取和理解。此外，教师还可以充分利用现代多媒体教学设备，使训练形式多样化，充分利用课堂时间培养学生的听说能力，为学生以后在职场的发展提供有力的帮助。

第三节　改革教学方法

农业高校英语教学有其特殊性，其生源的文化基础比其他高校要差一些，外语更是如此。尽管外语学习当今已受社会重视，在校学生普遍有学好英语的愿望，但仍需因势利导，摸索一套有效、有针对性的农业高校英语教学方法。学习目标的制定应实事求是，实用为主、够用为度。注意营造生动的学习环境，进一步提高学生学习兴趣，增强他们的信心与决心。

农业院校招收的学生普遍比其他院校的文化水平差一节，他们高考的总分要比其他院校的低100～200分，尤其是英语水平差。由于大部分学生来自农村，在某些偏僻的山区的中学英语师资力量欠缺，甚至英语老师不是英语专业毕业的。所以，发音不准是普遍现象；教学方法也不尽人意，再加上受地理位置的影响，交通不便，几乎与外界无沟通，诸多的不利因素，严重地影响了学生的学习积极性、学习兴趣及学习目的。考入大学后，那么怎样才能使得这些学生明确自己学习英语的目的、提高学习积极性及学习兴趣呢？下面是针对农类院校学生教学方法的改革研究与实践的一些想法和建议。

一、大学英语教学的现状及存在的问题

（一）学生英语基础相对较差

农业院校中，学生生源具有自己的特殊性，学生多数来自边远的地区，他们和来自都市的学生，在英语学习方面有很大的差别。都市的学校中，英语教学环境较好，学生可以通过各种渠道，例如广播或电视的英文节目，网络计算机等获得更多的语言输入；而在边远地区，学生主要是通过课堂教学获得英语知识。相对来讲，他们的英语基础较差，英语的听说读写综合应用能力迫切地需要提高。农业院校一定要针对自己学生的特点，找到适合本校的教学方法。

（二）教学模式有待转变

由于学生英语水平相对较低的原因，教师把教学的重点放到了词汇讲解、句法操练上，这样就导致学生养成了不善于思考，被动学习的局面。学生过多地关注单词，语法要素等个体的语言学习单位，而忽视了学习内容的宏观特征，例如说作者的写作目的，文章的整体结构等，使得所学内容分裂开来，不能有机地结合在一起，学习过程变得很僵硬，无法达到预期的学习效果，所以找到切实可行的教学方法势在必行。

（三）影响教学的主要因素需待把握

影响英语教学的因素很多，其中与学习者联系紧密的主要有两部分，即学习者的内部因素和学习者的外部因素。内部因素与学习者的个体差异有关，如学习动机，学习策略，学习风格等，也包括学生的智力水平，语言潜能等；外部因素则涉及教学环境和师生的互动情况。我们在对教学方法进行探索、改革、创新的过程中，就要以这两个领域为基础进行具体的操作。

二、以教育部《基本要求》为准则，进行教学法的研究

（一）以《基本要求》为基准，以应用能力考试为指挥棒来开展大学英语教学

《基本要求》强调"应用、实用、够用"。应用能力考试突出的也是"应用、实用、够用"。我们把《基本要求》，也就是"蓝皮书"发给每位大学英语教学的教师，并组织他们认真学习、讨论。在教研室组织骨干教师成立课题攻关小组，认真研讨"应用能力考试"的教学方法，结合本校的实际情况制定符合本校的《大学英语教学大纲》，并结合各个专业来开展大学英语教学，真正做到教学的"应用、实用、够用"。

（二）以教育部《基本要求》为准则，转变教学思想，更新教学观念

自2002年以来教育部高教司对《公共英语课程教学要求》作了改革，全国各个教育厅文件就开始要求高校英语教学要以教育部为指导，通过学习，

认识到大学英语教学改革迫在眉睫，扭转过去的以"阅读"为中心的教学法为以"培养学生英语应用能力为中心"的教学法。根据学校学生的具体情况，制定相关大学英语教学改革方案，强调以培养学生的语言应用能力为中心，强调教学、产、出的综合能力，基础教学要突出"应用、够用"，要培养学生的听、说能力，第二年开设与专业相关的专业英语选修课，突出"实用"，组织英语俱乐部、英语角让全院学生有机会开口说英语，提高他们语言的应用能力。

（三）优化教学方法

一定的教学目的总是要求一定的教学方法为其服务。当前制约农业高校英语教学质量提高的一个至关重要的因素就是教学方法改革滞后，英语是一门语言，不能简单按照普通课程的学习方法来学习英语。如今，世界上的英语教学方法流派不下十几种，在全世界范围内，英语课堂上各种各样的教学版都在为我们演绎着这一主题。大学英语教学改革是与时俱进的，是时代发展的要求。因此。可以说大学英语教学改革不是照搬照抄外国的理论，而是以大学英语教学方法运用的现代要求为立足点，选择一种既符合大学英语教育教学现实，又符合时代需求的英语教学方法。大学英语教师最常用的方法是综合不同的方法，也就是综合法。从理论上讲依照不同的教学目标、教学对象、教学内容和教学班级，综合法应该是最好的教学方法。我们立足于大学英语的现状，与时俱进，赋予大学英语教师最常用的教学方法一些新的内容，培养学生的终身学习英语的能力，以便应对新时代的挑战。

三、创新与实践的具体实施

（一）根据教学内容和材料组织教学

1.勤于实践，练习说话

我们充分利用看图说话这部分来调动学生说英语的积极性，用单词、词组或简单的句子说出每幅图画的内容，大部分同学都非常活跃，踊跃发言，特别能调动他们说的积极性，活跃了课堂气氛，这样就达到了我们的目的。如第一册第三单元的看图说话，是围绕"运动"（sports）这一主题进行的，大多数同学都很踊跃地参与看图说话这一活动，在教师的指导下，每一幅图的内容都表达得淋漓尽致，达到了教学目的。

2.采用多种教学法，融会贯通精读部分

精读部分是整个单元的重点，如何才能使学生融会贯通这部分的内容呢？（1）利用导入法。教师根据课文内容用英语做简短的介绍（Brief introduction）。如第一册第五单元，"History of Pizza"，简单地对"比萨饼"的历史介绍。（2）利用提问法。教师就课文内容设计6～10个问题要学生回答（事先要做好预习）。（3）利用讲解法。教师解释课文中的疑难句。（4）利用翻译法。翻译课文的长难句，并介绍翻译方法。如第二册第四单元Reading A中倒数第二段中的句子："In the 1920s came television which develop fast to be one of the most popular advertising media." 这个句子时间状语位于前面，主句是倒装句，后跟着的是定语从句，此句子的翻译技巧在于定语从句部分，因为定语从句较长，所以不要把它翻译到所修辞词之前，而把它翻译成并列句，此句的译文为"20世纪50年代出现了电视，它很快发展成为最受欢迎的广告媒体之一。"（5）利用总结法。对课文做个简单的归纳，并指出本课文中的重点及难点。（6）利用复述法或是表演法。通过复述课文或角色的表演练习学生们的听说。教师的方法多样化，学生积极参与课堂活动，课堂上就能激发出互动的气氛。

3.讲练结合，习得语法

根据学生的具体情况而定。如第二册第三单元的语法是关于虚拟语气的特殊语法，先复习虚拟语气的普通用法，如三种时态即：一般现在时、一般过去时、一般将来时中虚拟语气的用法，结合例子讲解，引导学生掌握，只有掌握了一般用法才能理解其特殊用法，最后，通过练习达到巩固的目的。

4.多听，掌握技巧

在给学生进行听力时，从以下几个方面进行训练：（1）由浅至深的练习，如句子的连读、句子的重音及弱读等，如：He lives in London，lives in可以连读，连读是指同一个意群里前面的单词以辅音结尾，后面的单词以元音开头；句子的重音及弱读是指一般句子中的实词都重读，相反，虚词则弱读，如：She wanted you to write it，want和write都是实词要重读；（2）进行大量的泛听练习，通过简单的泛听练习之后，可以说打下了听力基础的第一步，在以后的听力过程中就可以稳步前进了。（3）充分利用校园电台给学生练习听力，可以购进大量的英语对话磁带，有日常用语、旅游英语、商务英语、B级听力、四六级听力、趣味故事、英语歌曲等，每天都按计划播放，学生自觉收听（学生每人配了一副耳机），经过反复练习，效果不错。

5.讲练结合，巩固知识

大部分练习课堂完成，不同的题型使用不同的方法，有的是学生自愿上黑板做，有的是口头做，有的是课外做，如中译英部分就是学生在课外做。

6.练习写作，从易到难

训练学生的写作，先是从基本句型开始，写一些基本的东西，从写贺卡、名片、食谱、通知过渡到电子邮件、传真、收据、感谢信、邀请信及贺信等。学到写电子邮件时，我们要求每位学生在本学期都要给课任教师写一封电子邮件，学生感到很有新意，结果这次作业完成得特别好。

英文写作通常是检测和衡量学生英语水平的一个尺度，随着社会的发展与进步，英文写作变得更为重要。在大学英语四六级考试中，英文写作的分值也占据相当大的比例。但对很多学生来说，英文写作却是他们的弱项。以往的写作教学也是按照给出题目，教师讲解，学生练习的套路来完成，学生在写作上的进步并不理想。特别是农业院校中，一些学生来自较边远的地区，英语水平相对较差，他们真的不知道如何下笔，到底写些什么，怎么写。针对这样的情形，教师就必须改变写作的教学策略。首先，教师在讲解课文篇章结构时，就渗透一些写作的方法。例如《新视野大学英语》第一册第一单元 "Learning a Foreign Language"，作者在叙述英语学习过程时，就运用了cause-effect的写作方法。作者在不同的阶段学习效果不一样，就是由于不同的原因而导致了不同的结果。教师指导学生完成课后的练习Succeeding in language learning，实际上就是对cause-effect的写作方法的一次模拟训练，学生会很轻松地完成任务。其次，教师主要采用任务型教学法（Task-based English Teaching Method），加强对学生在规定时间内完成写作的训练，课堂上抽出一定的时间，让学生在任务的驱动下完成写作，以达到强化其学习的目的。同时，教师还把学生在作文中所犯的错误进行分类讲评，如名词单复数、介词的使用、不定式、分词、there be句型、定语从句等等，经过一段时间的训练，学生的语法错误明显减少，基本上能够掌握作文的写作要领了。

（二）使用语篇分析理论

改革总是以研究历史和传统为前提的，大学英语教学的改革也同样遵循这一规律，教学法的创新仍然和传统的课堂教学密切相关，重要的是教师已经转变了教学观念。课堂教学中，教师除了分析语法、句法和词义的同时，更加注重对语篇的结构分析，引导学生把握文章的主题思想，领会作者的创作意图和立场观点。例如《新视野大学英语》第一册第三单元"A Good Heart to lean on"描述了作者从小到大对残疾爸爸的复杂的情感历程。未成年时很勉强地陪爸爸一起走，对于人们注视的目光就会感到很难堪，随着年龄的增长，不禁惊叹父亲的伟大，他从不表现出对比他幸运或健康的人的羡慕或妒忌，他从别人那寻找的就是一个好心态。父亲乐观向上的精神深深地影响着作者，成为他时刻鞭策自己的一条行为准则。在讲授课文时，教师就引导学生把握住这一主题，使学生能够按照这一主线顺利地掌握课文的主要内容。文中多次出现倒叙结构，目的在于突出作者在对父亲回忆时，心中充满愧疚与歉意，他的后悔之情正是源自从前不理解父亲与现在钦佩父亲的强烈反差。对语篇的结构分析，有助于学生深切体会到作者对父亲的崇敬之情。此外，教师还可以将学习内容和学生的生活联系在一起，例如让学生谈谈自己和父亲之间的情感话题等。学生只有明白了作者的写作思想，对文章的主题产生浓厚的兴趣，才能更好地学习其中涉及的语言表达方式。

（三）开展课外自主学习

作为一门公共课，大学英语每周只有4学时，这对于提高学生的英语水平来说是远远不够的，所以课外的自主学习尤为必要。开展自主学习的前提，就是教师要在教学实践中培养学生自主学习的能力，使学生养成自主学习的习惯。更重要的是，学生要学会适应由高中以教师为中心转变为现在以学生为中心的教学模式，明确自己的学习目的和要求，从而采取有效的学习方法。为了帮助学生顺利地完成这一转变过程，教师对教学安排做了一些设计。一般在学习新的课文内容之前，教师设置一些问题，让学生自己去寻找答案，这样就增强了学生的好奇心和学习的欲望。

（四）举办文化体验活动

作为理想的外语教学，应该能向学生提供一个这样的学习环境：它既能帮助学习者获取知识，同时更重要的是，能够使学生获得更多的直接使用目的语的场所和机会，让学生"体验"使用目的语的环境之中，从而获得较高的语言使用技能。因而伴随着课堂教学的改革，学院创办了以"体验英语，体验生活，体验未来"为主题的大学英语体验月活动。所谓体验，即接触英语文化的生活方式，了解英语文化环境中的文学、艺术。具体而言，体验主要包括文化学习，理解文化信息，体会文化实践活动，以及了解文化观念等。外语教学建立了实践的环境，真正实现了教学生活化。

通过举办一系列的活动，大学英语体验月活动满足了学生课余的兴趣爱好，活跃了校园的文化生活。这样就巧妙地把英语演讲、英语辩论、英美文化赏析、英语手抄报制作、外国影片欣赏以及英语戏剧表演与课内教学结合起来，潜移默化地使学生受到感染和熏陶。一方面，教师指导学生参与戏剧表演，配音大赛，诗歌朗诵的活动，给学生更多体验情感的机会，以争取在教学中能够产生共鸣；另一方面，文化赏析可以帮助学生了解异域的风土人情，例如希腊的神话故事就令学生听得如醉如痴，影片欣赏则可吸引学生融入剧情当中，其中的人物对白不仅是对学生听力的一次考验，同时对于深刻把握作品的内容和特色也是一个挑战。语言学习有了广阔的知识面做基础，学生对所学国家的文化、历史、地理、文学也有所了解，在外语学习中就收到了事半功倍的效果，这些活动成了课堂教学必不可少的一个补充。

随着计算机和网络技术的普及和发展，信息技术在英语学习中也被广泛地推广和使用。一方面，学生按照老师的布置，可以利用图书馆和网络资源去搜索与课文内容相关的资料；另一方面，学校统一配备了语言听力教室，学生可以去那进行自主听力的学习，教师还会在固定的时间给予指导。自主听力的内容不仅仅局限于听，而是把听，说，读，写融合在一起，能够使学生的英语综合能力得到锻炼和提高。为了更有效地敦促学生学习，所有学生在课堂上的活动，学生的学习态度，参与第二课堂的表现都在学生的期末成绩中占有一定的比例，这样就激发了学生的学习热情，使英语教学能更有效地进行。

　　总之，这些教学方法的改革，不仅调动了学生的智力因素，还激发了学生的非智力因素，解决了学生在学习过程中遇到的一些问题，增强了学生的自信心，使学生不仅将英语体验月活动进行得如火如荼，同时他们在英语学习方面的语言技能，思维能力和文化知识都得到了全面的提高，学生的英语学习也有了极大的进步，特别是近几次的大学英语四级测试，全校的英语过级率呈阶梯状上升，由原来的20%多达到了现在的33.08%。实践证明，农业院校只有找到适合自己的教学法，才能达到预期的教学目标。

第四节　完善教学手段

一、运用多媒体教学手段，提高英语教学效率

（一）多媒体教学在大学英语教学中的优势

1.教学内容的丰富性和多样性

因为多媒体教学是利用多种设备（计算机、电视机、投影仪等）而展开的教学，所以立足于黑板、试验的传统教学模式无法与之相比，而其中最明显的就体现在教学内容上。教师在多媒体教学中，可以各种形式，如视频、音频、图片等把英语课堂所需的信息进行展示，进而将丰富的教学内容提供给学生。而这在一定程度上也增加了课堂教学的直观性、生动性和形象性。如此既有利于促进学生英语学习兴趣的提高，且能够把最多的信息与内容传达给学生。相关调查研究发现，在英语课堂中通过把传统英语教学模式与多媒体教学手段结合起来，能够极大地丰富教学内容，帮助学生对课堂教学内容有更好地理解，进而促进学习效率的显著提高。

2.教学模式的互动性

传统的大学英语教学模式往往是围绕老师展开的教学，这便导致学生作为大学英语课堂的主体对学习英语毫无兴趣，而多媒体教学则能够把这一困境改变。在多媒体教学过程中，教师可借助多媒体设备为学生创设一个真实的学习环境，使学生和多媒体设备之间，师生之间以及生生之间能够进行良好互动。在这样一种多方互动的关系中，学生一方面能够在第一时间对教学内容深入了解，另一方面也可方便地利用相关软件展开自我检测，这是传统教学不能达到的目标。除此之外，也不能忽视了网络学习和交流。在多媒体教学中，学生可通过互联网和其他国家的人进行交流，同比较地道的英语相接触。这种多向互动的教学有助于提高学生视听说水平，进而把学生学习的兴趣激发出来。

3.提高学生学习英语的兴趣

不容置疑的是，多媒体教学的确克服了传统教学模式的弊端，用可感知、可听可视的内容取代了抽象、枯燥的内容。在多媒体环境下，学生因为能够对自己感兴趣的材料与学习渠道进行选择，所以就会在一种快乐的氛围中展开自主学习。这既能够促进学生英语学习兴趣的提高，也可对学生诸多能力起到有效培养作用，包括自主发现问题能力、分析问题能力、解决问题能力，进而对创新性和具有问题意识的现代化人才进行培养。

（二）多媒体教学手段在大学英语教学中的具体运用

1.日常积累是关键，做好多媒体课件

用好多媒体设备的一项基础条件就是编辑制作与应用课件。俗话说："巧妇难为无米之炊。"若要把多媒体用好，就一定要先将课件做好。制作课件一方面需要对微软的PowerPoint和Adobe公司的Flash等计算机应用软件予以应用，另一方面要做好课件也取决于教师平时多积累的多媒体素材。大部分教师在进行课件制作时经常都未将适合的图片或音视频材料找到，为此便要求在平时备课与工作过程中把素材储备做好，建立自己素材库，按照类型的不同在不同的文件夹中储存文字、图片、音频、视频等材料，需要时只需通过计算机的检索功能把其找出来，再添加到文件相应位置便行了。比如可以在自己的电脑中就有这样的一个素材库，其共包含五个大类，分别是文字、图片、音频、flash动画、视频，各类文件夹中的文件命名形式皆为"日期+内容"，如此不但能够根据日期进行检索，也可根据内容展开查找，便于之后使用。

2.优化学习环境，调动学生积极性

过去除了在课堂上学习英语知识外，学生往往很难在业余时间接触到英语知识，更别提将其运用了。虽然部分学生有很高的学习热情，但却苦于学习途径和方法不正确，很长一段时间后，学习的兴趣与信心也就慢慢丧失。而多媒体教学方法以"师生互动"的教学模式取代了传统的"注入式"教学模式。多媒体英语教学把师生之间、生生之间以及学生与多媒体设备之间的互动体现了出来。多媒体平台能够利用视频显像功能，对英语本土国家的情境予以充分制作，使学生通过多种渠道（听觉、视觉等），身临其境地学习

英语。此种视频资料将学生的注意力吸引了过来，让其从语言方面接受正式、全面的熏陶与感染。大学英语教材在设计课程上每单元均有一个主题，教师可在制作课件时对英语情景予以补充与创设，让学生和主题课堂的教学充分融合。

3.通过多媒体开展课堂活动，提高学生的英语水平

获得语言的最终目标就是对学生的语言技能进行培养。大学英语课程相较于高中英语学习，其更容易活跃课堂气氛。众所周知，高中英语课程多是为了迎合考核，因此会对部分单词、语法以及问题类型进行解释，但大学的英语课更像是一次对话。

比如，在教学英语综合教科书Unit 6环游世界一节时，鉴于本课的目的是让学生对世界各国的风俗习惯予以了解，将简单的礼貌性交际用语学会，若把这篇文章放在高中英语课上，老师为了节省时间，就会就国家风俗为学生做一介绍，接着再将"高中考试重点"，让学生进行记忆和背诵。但在大学英语课堂上，我们老师可要求学生把这一主题结合起来，以小组的形式进行PPT制作，并让小组成员到舞台上对书籍引入的民族习俗的理解进行解释。所以，在大学课堂中对多媒体教学予以应用的主要目的便是将学生的使用水平提高，而非为了方便讲课。

4.借助多媒体技术，帮助学生建立认知模式

大学英语教学不同于高中教学模式。所以，我们的老师在大学里借助网络多媒体教学技术，及时把一些真实的美式英语传播给学生。借助此种方式，学生能够对西方国家的语言文化以及历史背景有真正的体会，也提供了方便的途径突出英语语言文化教学。毋庸置疑，理解与存储文化背景的一项重要方式就是多媒体技术的架构，其有助于学生将沟通文化因素的意识建立起来。众所周知，在英语口语交际中，我们交际的成功率很大程度上取决于，对文化因素认知的熟练程度。但在我们传统的英语课堂上，提到语言文化背景知识的时候很少，又或是就算我们知晓，老师也只是简单地提几句。而现在，网络多媒体技术的使用大大方便了学生的学习，将其视野拓宽，使之能够将英语的文化背景理解与掌握。除此之外，网络多媒体教学可以把结合视听功能的课件提供给学生，使之对英语语言和文化教学的魅力有一深刻体会，并促进学生英语语言技能的提高，帮助学生将认知模式建立起来。

5.有效发挥多媒体作用，实现翻转课堂学习模式和合作学习模式

现代语言教学理论告诉我们，英语教学应对各种语言障碍做出灵活处理。不断兴起的课程创新浪潮，让翻转课堂这一新的教学模式应运而生，其是在多媒体技术基础上提出来的。近年来，越来越多的高等教育开始接受大学多媒体技术教学，其诞生对传统的课堂式大规模生产教学产生了极大的影响，其由一个总体规划教学模式转化为了专注于个人发展的教学。多媒体技术的资源网络非常丰富，能够把学生的多个感官调动起来，参与到学习中，学生们能够按照自己喜好的不同对自己喜欢的内容做出选择。教师还可将多媒体技术的所有网络资源利用起来，准备大量相关资料给课程教学，进而活跃课堂氛围，拓展学生知识。与此同时，教师还可把自己认为更好的个人作品发布出来，同大家分享，供大家学习。课后，学生可借助课堂平台将教师的课堂视频找到。多媒体的使用提供了充足的资源给大学英语教学，且现阶段的使用效果也让师生都非常满意。应用多媒体教学既可以使课堂气氛被激活，也促进了学生课堂参与度的提高，同时也将内容的广度与深度拓宽了。

在大学英语的教学过程中应用多媒体，还可借助小组合作学习的教学模式，简单来说就是老师在将相关的学习任务布置给学生时，把其分为多个小组，以多媒体为媒介来进行小组间的共同交流和学习，使学生在这一过程中形成团结互助的精神。

二、运用微课教学手段，提高英语教学效率

由于英语教学不仅要教授单词、语法，更主要的是要培养学生的英语交际能力，即随时随地进行听力、口语的学习，所以微课以及基于微课的移动学习、远程学习、在线学习给英语课堂教学注入了新的活力，培养和激发学生学习兴趣，激励发展每个学生的主体能动性，让他们敢说英语、爱好英语，特别适合提高英语有效教学，有利于全面实施素质教育。

（一）运用微课辅助教学手段调动学习积极性和注意力，发挥学生的认知主体作用

1.有利于调动学习的积极性

与传统英语教学的手段相对单一比较，微课是组合了现代网络技术和文字、图形和图像、声音等各种媒体，集视听为一体，提供许多内容丰富、声情并茂的课内外资料，为学生吸收多渠道文化精华，培养健康情感，提高文化修养提供了条件。

2.有利于学生集中注意力，充分发挥学生的认知主体作用

新颖的教学手段，生动而有趣，吸引着学生的注意力，使学生的好奇心油然而生，引起他们兴奋、愉悦的感受，激活了他们的心智，调动了他们学习的积极性。据调查发现，学生的注意力集中最佳时间是在10分钟内，因此，微课最为适合学生的这一学习特点。

3. 有利于激发学习兴趣和学习主动性

微课所展现的信息既能看得见，又能听得到，并且形式生动多样。这种多层次的表现力和多样性的感官刺激，对英语学习来说是非常有效的，有利于激发学生的学习兴趣。

（二）运用微课辅助教学手段提高英语课堂有效教学

使用微课辅助教学，教师课前制作好微课课件，上课时只需根据教学需要播放微课，授课过程中可任意调用，十分方便，更大程度地保障课堂时间。运用"微型视频课程"，教师可以根据人的思维习惯和教学要求，把整块的知识单元打破，然后运用微课本身就是碎片化的特点重新把整块知识链接在一起，优化了传统的英语"整体教学法"。

例如英语语法有效教学。要在一堂课内教给学生某项语法知识，必须做到精讲多练，在既定时间内引导学生发现问题、提问问题、解答问题，突破语法难点，形成言语技能。充分发挥微课辅助教学的作用就可以达到这一目的。

把全班分为四个小组分别围绕一个中心问题共同研讨，通过发表各自意见和看法，相互启发，集思广益地进行学习。再由教师进行指导、释疑，最后有针对性以近几年的考试当中典型例题进行讲解，突破名词从句语法难点，

形成言语技能。微课需要补充的信息很多，跨越性也比较大，授课过程中需要使用多个微课课件，没有微课辅助教学，是办不到的。

（三）运用微课等流媒体创设英语活动情景，培养学生的表达能力和交际能力

"微课"时间短，内容少，是为了突出课堂中某个知识点、主题的教学活动。通过微课辅助教学，我们能在课堂上模拟现实生活的情景，不仅缩短了教学和现实的距离，给学生提供使用英语交际的机会，并且满足了他们好奇、好动的心理，从而通过视频案例式教学触景生情，激发起表达的欲望。这种情境性学习无疑在一定程度上促进了学习迁移，锻炼了英语交际能力。

在学习功能意念项目中的社会交往"就医用语"句型时，根据需要设计情景，可以设计一组有声有色的交际情景，可以基于一个话题让学生"现炒现卖"，现场表演，让学生动起来，使课堂成为真实的语言交际的"社会性"场所，组织他们投入自然、自由的语言交际氛围，使学生语言交际的能动性和积极性得到充分发挥。对于学生而言，课余时间，学生可以自主下载所需微课进行课后学习，能更好地满足学生对不同知识点的个性化学习、按需选择学习，既可查缺补漏又能强化巩固知识，是课堂学习之后一种重要的电子资料补充，从整体上提高学生的综合素质。

简而言之，"微型视频课程"辅助教学丰富了教学手段，使教学越来越显示出其独特的魅力，给课堂教学注入了新的活力和生机。对于老师而言，最关键的是要从学生的角度去制作微课，要体现以学生为本的教学思想，要科学运用微视频课程辅助教学，研究新的教学方法，改进教学手段，提高教学水平，真正地把"素质教育"落到实处，创造出丰硕的教育教学成果。

三、运用大数据教学手段，提高英语教学效率

信息技术的持续发展，使得物联网和云计算应运出现，此后为适应时代信息化发展，又在云计算的基础上发展了大数据技术，这让信息处理更加高速、准确、安全。大数据时代的到来，给多领域带来了挑战和机遇，促使它们开始思考改革与创新，与此同时，不断给人类带来许多新体验。英语作为

高校重点科目之一，传统教育模式存在诸多问题，不利于长久发展和人才培养，因此在推动教学的同时，理应结合时代特征，不断升级和不断优化，让英语学习与时俱进，促使英语教学效果得到增强。如何结合时代特征，基于大数据视域发展高校英语教学成为学术界关注的焦点，因此，下面将结合时代背景和特征，分析大数据与英语教学结合的应用，层层探索高校英语教学手段。

（一）理解时代发展趋势—大数据时代

1.所谓大数据

大数据是指大量异构数据的集合，主要强调数据的海量性及数据涉及领域的广泛性。大数据技术主要指的是在云计算、物联网技术的基础上发展起来的一种可以在海量数据中筛选并挑选有价值的信息或数据的技术，主要强调对数据进行存储、分析、筛选、处理的过程和能力。大数据技术在多个领域得到广泛应用，人类已经进入了大数据时代。

2.大数据的特征

大数据具体可以分为五大特征，即所谓的5V特征：

（1）大量（Volume）

大数据即拥有大量的数据，除了强调数据的海量性之外，还特指数据的存储量大、运算量大。

（2）多样（Variety）

大数据具有海量性，同时种类丰富多样，数据形式具有多元性。

（3）价值（Value）

大数据技术可以实现在海量数据中快速筛选、过滤、选择有价值的信息数据，选择所需要的数据。

（4）速度（Velocity）

大数据时代下的数据增长呈现爆炸性趋势，即数据的增长速度快，因此要求数据处理的速度也要快。

（5）准确（Veracity）

茫茫数据中，讲究快速筛选，准确过滤，找到有价值同时符合需求的数据，强调数据处理的准确性。

（二）大数据在教育领域的应用

大数据技术被广泛应用于多个领域，促进多个领域实现转型升级，对于教育领域来说也不例外。它在教育领域的应用，更多的是发挥它所带来的机遇，这些机遇改革了传统教育模式，引发了对新模式的探索，具体表现在教学理念、教学手段、教学内容上：

1.教学理念

大数据时代的到来，使得教学资源共享，学生有了更多的选择机会和选择空间，同时大数据对学生的兴趣点和能力点有一定的推测，针对不同学生提供不同的学习方案，从而实现教学的个性化和智能化，还能避免教学资源的浪费，这对学生来说满足了不同的需求，教学理念倾向于个性化发展。

传统教学模式下，我们通常被局限于教室，又处于被动的学习状态，长期这样，会大大降低学生学习积极性，学习效率不高；大数据时代，我们引进翻转课堂，实现线上线下良性配合，师生之间角色互换，打破原来教学模式，更新教学理念，使教学理念不再以老师为中心，让学生更加主动，教学理念逐渐转向培养学生自主学习、独立思考，以培养应用型人才为目标。

2.教学手段

传统教学手段较为单一，主要依托老师的讲解和简单的多媒体作辅助，帮助学生消化理解。相对于一些抽象性或者复杂性的科目来说，可谓是弊端，学生无法根据较为平面的讲解深刻理解。信息技术和大数据的发展促进教学手段丰富，学生可以根据自己的兴趣和特长选择线上学习，提高学习兴趣，饱满学习内容，加深理解。

3.教学内容

大数据促进教学资源的海量化，丰富了教学内容、让学生不再局限于书本和教材，将知识进行有效地拓展和延伸。同时，由于信息和数据具有共享性和交互性，学生有机会接触更多名校教学，帮助学生扩大知识面。

（三）结合大数据时代探讨英语教学的必要性

英语作为一门语言，想要更好地掌握它，需要提高全方面能力，不局限于课堂，不局限于教材，强调语言环境，注重实践练习。传统意义上的教学模式存在诸多问题，改革迫在眉睫，基于大数据发展在线学习系统使学生可以在任何时间和任何地点提交作业、提出问题、查看教师或同伴对相关问题的回答，或者帮助师生将学生的本地文本与其他任何网络资源相关联，不仅丰富了英语学习，更极大地提高了英语学习效率。

（四）基于大数据时代整合高校英语教学策略

1.发挥技术优势，营造英语学习环境

英语作为一门语言，想要更好地掌握和应用它，单靠课堂时间和书本知识是远远不够的。语言学习讲究语言氛围和语言环境，以及长期训练。传统英语教学主要以老师为中心，老师基于课本讲解英语，讲解的内容侧重于课文涉及的单词和语法，这对于全方位掌握这门语言来说过于局限和单调。因此，我们需要利用大数据、云计算、互联网的技术优势，实现在线英语学习平台的搭建，营造逼真又生动的语言环境，让学生可以利用相关载体，实现英语的灵活性学习，随时随地听英语、看英语、聊英语，提高学生的听说能力。

2.转变教学思维，实现翻转课堂

大数据时代的到来，对于英语教学而言，不仅实现教学模式或者教学方法的创新，更重要的是强调教学思维的与时俱进，促进教学体系实现根本变化。传统英语教学模式主要将课堂作为学习空间，将教材作为学习内容，将同学作为交流对象，将老师作为教学中心，极大地压制英语学习兴趣，消减英语这门学科的魅力。通过转变教学思维，我们可以利用大数据实现翻转课堂，使得学生课前通过线上学习课上愿意主动交流和探讨，课后再利用线下实现巩固和反馈，让学生对英语学习产生参与感，同时，老师转变教学身份，成为教学的引导者和带领者，促进学生提高学习兴趣，提升学习效率。

3.利用大数据的海量信息，丰富教学内容

海量信息是大数据时代的一个典型特征，这些数据的多不仅强调数量之多，对于英语教学而言，更强调教学资源的广泛和多元。在开展英语教学工作的时候，可以利用这些海量资源为学生创造一个强大的学习数据库，数据库涉及领域广泛，涵盖专业多样，让学生有学习的选择性，能够接触更多国际上优秀的教学资源，学生还可以根据自身特点选择学习内容，全面提高听说读写能力。

4.整理数据，完善教学体系

大数据时代的海量数据对于教学而言，不仅体现在教学内容上，而且体现在学生学习之后的二次数据上。二次数据指的是学生在进行大数据线上学习后的学习记录和学习反馈。老师可以根据后台分析学生的学习数据，不断调整学习内容，从而进行教学设计。同时，可以通过教学数据的反馈，预算出学生的学习特点，根据学生的学习特点和掌握情况进行针对性提升。同时，还可以基于大数据完善和优化教学评估，在传统的教学评估上还可以增加网上章节测试及口语测试等。

5.丰富教学主体，优化师资团队力量

老师直接影响教学质量和教学效果。传统教学模式以英语老师为中心，通过大数据可以实现教学主体的多样，在不断丰富教学内容的同时，丰富教学主体，实现师资力量共享，让学生接触不同风格的教学方法，听取更多不同的教学意见。有了大数据，学生可以不断完善自己，师资也可以通过大数据实现交流与学习，加强自身建设，不断提升。

我们要善于把握大数据时代带来的优势探索英语教学策略，有利于英语教学优化升级，使得英语教学更加高效有序，促进英语教学更完善。

第六章

农业人才英语能力培养的
能力提升

第一节　推进素质教育

随着综合国力的稳步提升，国家对于学生的教育问题高度重视，基础教育的相关改革也逐渐引起公众的关注，尤其近些年对于大学生的素质教育改革问题最为显著。现阶段农业院校对于大学生的素质教育重视程度普遍不足，其中具有学科特点的专业素质教育效果显得更加差强人意，专业课程开设较少、课程深度较浅、实践活动较少都是表现出来的问题。大学生属于青年的范畴，因此具有青年时期的生理心理特点，表现出较强的可塑性，学习能力较为突出，农业院校如果能够抓住这一机会，开展有效的专业课程，提高学生的学科素质，这不仅是能够延续学生的中小学素质教育，还有利于他们今后接触更深层次的专业学习与研究，为长久发展打下专业基础。

一、入学伊始，奠定正确的专业思想

大学伊始，学生正处于从高中向大学转变的过渡时期，由于接受长期的高中教育，他们早已厌烦过去严格的教学方式，希望能够在大学获得自由的生活方式，不再被学校所管制。但作为学生，学习是本职工作，尤其针对大学期间的学习，会直接影响到今后的就业及考研，因此学生必须端正学习态度，认识专业学习的重要性，不能怀有无所事事的态度对待专业课程的学习。因此，专业课程的教师、学生辅导员以及开展就业工作的教师应该在入学初期进行相应的专业介绍、就业介绍以及学业介绍，从而让学生正视专业学习的重要性。针对英语专业的学生而言，难免会有一些基础相对比较薄弱的学生存在，他们可能出于各种原因（家庭因素、服从调剂等）被迫选择了英语专业。因此，教师在开设课程时，要重视学生的英语基础教学，进行良好的引导，提高学生的英语水平，并且要致力于英语实践课程，实现英语听、说、读、写的综合能力提升。英语专业更加看重今后的实践应用性，毕业后多担任公司或企业的翻译，因此专业的学科素质教育要具有实用性，例如开展一些商务英语专业的相关课程，培养学生的英语应用意识，避免今后"重理论、轻实践"的现象出现，为社会培养实用性强的英语专业人才。

二、课程划分，明确学生的发展阶段

教师有责任与义务将专业课程的教学目标告知学生，从而让学生尽量适应教师的教学工作，达到最佳的教学效果。可以将英语课程分为三个阶段，第一个阶段就是利用汉语学习英语，第二个阶段是利用英语学习英语，第三个阶段是实现英汉互译，因此在接下来的内容中将具体介绍这三个发展阶段的内容：

（一）高中教学方式，延续传统教学

利用英语学习汉语的方法是高中教师们普遍使用的方法，学生在这种长期的教学环境中早已适应，因此在大学如果直接开展全英式教学很容易让他们不知所措，甚至对英语专业课程的学习丧失兴趣。因此建议在入学的初始阶段实现由传统教学模式向全英式教学的逐渐转变，这样也利于学生熟悉大学的教学模式，在短期内适应这种环境及方法。利用汉语来实现英文讲解、注释以及应用的记忆，当词汇的掌握量达到一定程度时就可以实现初级的全英式教学。

（二）全英式教学，开启大学模式

当学生的英语水平达到一定境界时，全英式教学就可以发挥自身的优势，学生能够利用英文实现英语的解释、注释等，并且全英式教学还可以提高学生的听力水平，这样会有效提高学生的英语实践能力。除此之外，学生如果能够熟练应用英语学习英语的方法，他们可以不断地复习自己所学的英语知识，长此以往，打下夯实的英语基础。

（三）英汉互译，实现英文的灵活应用

在积累英文知识过程中，学生不断温习旧知识，接触新知识，长久以往

就会让英语基础变得更加夯实，从而实现中英文的灵活转换，这俨然已经达到对英语专业学生的要求。学习英语是逐渐积累的过程，不能够急于求成，教师在引导学生学习相关专业课程时更要明确他们每阶段的目标，从而让学生能够结合自己的水平，付出相应的努力，达到预期的目标，循序渐进地提高自己的英语水平，这样有利于学科综合素质的提高。

三、互动课堂，提高学生的综合英语水平

英语的学习更多的是其自身的实践应用性，尤其对于英语专业的同学而言，他们今后从事的行业必定与英语息息相关，因此提高学生的综合英语水平显得尤为重要。实现这一目标，就要仰仗课堂教学的过程，并且挖掘互动课堂的优势，减轻教学压力。综合英语水平的内容包括，听、说、读、写，其次还要有英语文化底蕴，英语文化思想等。

教师在课堂上，要鼓励学生参与英文对答活动，通过长期的英语对答，能够掌握发音技巧，并且在长期的英文互动中，教师也可以辨识出学生所出现的问题以及学习的薄弱地方，有利于今后开展针对性地教学工作。英文电影、英文图书则是提高学生英语文化底蕴与思想的有效途径，教师可以给予一定的课上时间培养学生兴趣，从而引导他们在课下自主学习，这些努力都能够对专业课程的学习产生莫大的帮助。

专业作为典型的语言类专业，更加注重其自身的实践应用性，因此教师在教学过程中要时常引导学生习惯使用英语，让英语成为学习的工具，这样才能够循序渐进地提高学生的英语水平。通过长期的教学努力以及学生的积极配合，学生定然可以提高自己的专业学科素质，拥有足够的意识，适应大学环境，刻苦努力实现英语水平质的飞跃。

第二节　培养学生创新

一、英语教学与培养创新能力的关系

第一，英语的发展是一个不断创新的过程，在其发展过程中人们不断地丰富着它的内涵，使其成为人类文化不可分割的一部分，英语的词汇随着社会的发展日益增多，至今已发展至上千万个，同时，其语法结构、语音也在发生着变化。

第二，英语如同其他语言一样，都是人类创新文化的载体，人类的无数次创新都被包括英语在内的各民族语言所记录，其语言结构和优秀作品中都凝聚着人类不断挑战自我的创新精神和高超智慧，如达尔文用英语写下了《物种起源》，爱因斯坦用英语写下了《相对论》等等，人类用英语和其他各民族语言创造出了人类文明。

第三，英语是我们学习国外先进思想和文化的有效工具，我们在用英语与世界各国的人们进行交流的同时，也可以从中学他们的创新思维和创新手段。

二、英语教学创新思维培养现状

（1）教师传统教学思想难以转变，教学模式固化。在英语学科教学过程中，教师的教学思维已经被传统的教学所影响，转变困难。要想打破此种境况，必须打破常规，改变思维定式，将创新性的思维融入教学当中，形成自己的特色，不断灌输创新思想，打破思维固化的僵局。

（2）学生缺乏对英语的求知欲，学习热情不高。在我们日常授课过程中，因为英语学科不同于其他教学，英语学科需要记忆的东西比较多，重点在于单词的积累与口语的表达，日常的背诵过于机械，显得过于枯燥乏味。英语教学在小学阶段至关重要，决定了学生此刻的学习热情和后续学习的动力，枯燥的教学只会让学生产生厌烦情绪，后续的发展可想而知，因此我们要唤醒学生对英语学科的求知欲，打造特色，激发学生学习积极性。

三、英语教学中创新能力培养的有效途径

互联网时代开始以后，科技发展日新月异，知识、科技的创新能力是国家综合国力发展的核心。这就要求国民的创新能力和创新思维培养要从中学教育开始。中学时期是学生思维形成的关键阶段，在这一时期培养学生思维的自觉性、求异性、突破性、发散性是形成创新思维的基础前提，创新思维的形成有利于学生发挥潜能、提升能力和塑造个性，有利于适应创新型国家人才的培养。可以说，创新型人才培养和学生创新思维的形成关系到未来国家的发展，其重要意义不言而喻。

（1）续编故事、话题教学。布置开放或半开放作业等方式来拓展学生们的想象力，从而培养学生们的创新能力。

（2）转变教学思维，加强创新思维培养。要想解决思维固化的问题，必须转变教学思维。学校要定期对教师进行相关的培训，制定相关教学研究课题，集思广益，深入分析教学思维固化的原因所在，提高教师对教学思维转变的欲望，创新教师的教学思维能更好地改变学生的学习能力。同时也要加强学校与学校之间的联系，可以派一些具有创新动力的教师到欠缺的地方进行教学交流，相互学习，共同转变固化的教学思维。

（3）创新教学方式，激发学生创新热情。英语作为一门国际化的语言，应从小培养，我们必须加强创新思维建设，用足够大的耐心去创设现代化的情境，培养学生的创新思维能力，激发学生的热情，用创新的教学模式打造现代化教学特色，英语教学不同其他，具备创新的思维，培养创新能力，加强授课式教学和实践教学的相互结合，实现教学目标。

第一，善于运用教材，善于将基础教育素材运用到创新教学当中。教师要在生活和工作中寻找和英语教育有关的素材，从实践中提高学生的创新素养。要想将创新教育融入英语教学中，就地取材是必要途径。教师可以从英语教材中寻找合适元素加入教学中，利用相应工具开展创新思维教学。

第二，创建情景式教学，善于构建英语教学中的意境美。教师想要在英语教学中渗透创新思维，可以通过创造创新教育情境来达到目的。设置情境可以帮助学生更容易地感受创新的魅力，学生可以通过多种创新方式参与到课堂中。比如，可以通过开展英语情景再现，让学生更加深刻地体验到英语表达的情感内涵。

（4）创设情境潜移默化，激发学生共鸣。英语是一门实践性很强的语言艺术学科，在英语教学过程中，真实情景的创设，不仅可以调动学生学习兴趣，锻炼学生的语言能力，激发学生参与学习活动和表达自己思想的愿望，更有利于学生掌握新知识，从而触景生情，融情入境，并起到潜移默化的作用。英语教材紧紧围绕我们的日常生活如问候、指路、购物、看病、打电话、邀请亲友、口常生活及学习活动等话题进行教学。

四、通过生动有趣，富于启发的英语课外活动培养学生的创新精神

在组织学校英语课外兴趣活动时同学生一起将英语活动室布置成颇有童趣的"English corner。"在英语角内学生布置了house hold corner（生活功能区），Reading corner（阅览功能区）和Audio video corner（视听功能区），充分利用身边的食物和场景来学习英语。

长久以来，我们在教学中由于忽视了学生创新意识和创造能力的培养，导致许多学生"死读书、怕交际"。作为教师，在教学中若不注重学生创新意识和创造能力的培养，无疑会给她们的终身发展带来后患。因此，英语教师要将创新教育与学科教学紧密结合起来，将英语教学活动作为培养学生创新意识和创造能力的途径，并积极探索在英语教学实践中实施创新教育的新途径。

所谓培养学生的创新能力，比较有效地途径是以传统的启发式结合现在的任务型教学和"自主、合作、探究"来引导学生，鼓励他们用正确的、不同的方式表达相同的语意，以此来拓展语言运用空间，发展多项思维。学生的创新还有英语的阅读理解、写作手法和意境表现以及实际交际中语言的灵活运用方面之外，还在于运用所学知识和其他方面的才能，由已知推断、猜测未知，并通过调查、讨论、合作等方式对未知加以验证。

总之，学生的学习过程既是一种认识过程，也是一种探究过程，教育的过程本身就是一种探索与创造的课堂教学，只有学生的主体作用与教师的主体作用很好地进行统一，不断探索课堂教学的新思路，新方法，引导学生发现、探究、解决问题的能力，才能培养学生的开拓精神和创新意识，逐步培养其求异创新能力。

第三节　提高全面素质

一、英语学科在实施农业院校学生全面素质培养中的作用

高校教育的培养目标是，培养具有必要的理论基础和较强的技术开发能力，能够学习和运用高新技术知识，创造性地解决生产经营与管理中的实际技术问题，能够与科技和生产操作人员正常交流，传播科学技术知识和指导操作的应用型高层次专门人才。要达到这一目标，英语是基础。在当今社会，一个没有英语能力的学生可以说是缺少就业基础的。已经进入信息时代的地球变得"越来越小"，全球化趋势将在二十一世纪更为凸显。世界已进入中国，中国已走向世界。人类彼此间的交往随着国际互联网的普及，越来越方便，越来越频繁。各个国家、各个民族之间的文化交流、科技交流和信息交流已成为人类生活的一个不可缺少的重要方面。如果说当今生活在这个"地球村"大家庭的人们有什么共同语言的话，那么"英语"是理所当然的。外语学习、外语教学特别是英语教学越来越受到人们的普遍重视。

诚然，语言的本质是工具，但人类在进步、时代在发展、社会在前进，外语已从一种工具变为一种思想，一种知识库。没有掌握外语犹如缺乏一种思想，缺少了一个重要的知识源泉一样。多学一种外国语，等于在本来没有窗的墙上开了一排窗，你可以领略到前所未有的另外一面风光。十九世纪德国语文学家，现代高等教育奠基人洪堡特说过："学会一门外语或许意味着在迄今为止的世界观领域中获得一个新的出发点。"这话是否说得过头，有待讨论。但语言既是思想的外壳和载体，同时又具有思想模具作用。从这个意义上说，学会一门外语，不仅是多了一双眼睛、一对耳朵和一条舌头，甚至还多了一个头脑!

从学习者的认知角度来看，因为语言是人类思维的工具、认识世界的工具，掌握一种语言也即掌握了一种观察和认识世界的方法和习惯，而学习

另外一种语言就意味着学习另外一种观察和认识世界的方法和习惯。在当前人们津津乐道于素质教育的话题时，我们更应当看到，外语教学对学生世界观、人生观的形成必然产生重大影响。作为农业院校，提高学生的全面素质是宗旨，特别是应用素质的培养更是重中之重。我们要"优化一批成英才、培养一批成良才、转化一批成人才"，并以此目标为中心构建培养模式。根据农业院校学生英语水平参差不齐的特点，把"三个一批"育人理念与英语教学实际相结合，因材施教，合理设置教学梯度，改革教学模式，优化教学过程，不仅会大大提高不同层次学生学习英语的兴趣，也符合农业院校英语教学"以应用为目的，以够用为度，以实用为主"的要求。目前的社会，除非从事很低层次的工作，一般工作都会对入职者的英语水平提出一个准入要求。不管未来的工作是否与外国人有关，仅有专业竞争力是远远不够的，英语竞争力是每一个岗位所必需的。也就是说，社会的发展需要的是"复合型"人才。所谓的"复合型人才"有两类：一类是"外语+专业"人才，另外一类是"专业+外语"人才。从实际看，"外语+专业"人才显然更具有竞争力。21世纪是一个国际化的知识经济时代。以知识创新为基础的知识经济标志着未来世界的一个重要发展方向，从而促使学科综合化、人才复合化、培养融合化，人才培养模式势必要与时代的要求相吻合。同时，随着国际交往的日趋频繁，社会对英语人才的需求不断加大，对英语人才的综合素质也提出了更高的要求。农业院校就要以市场经济为导向，培养社会需要的高级的"复合型"人才。当今，各行各业都急需既有扎实的英语基本功，又熟练掌握从事实际工作所需要的行业英语，还通晓特定行业一般知识的复合型人才。为了满足社会要求，农业院校应多开设这类实用性强的课程。这就要求英语教学应由培养语言技能的教学转化为大量培养英语和其他有关学科相结合，达到一专多能、适应经济全球化要求的复合型人才。

总之，英语这一学科在实施农业院校学生全面素质的培养中，具有举足轻重的地位和作用，是提高农业院校学生素质的基础和基本技能，学生不掌握好英语，面对社会的发展和需求，无论就业和将来的发展，都是一个极大的缺憾，其素质就谈不上全面了。

二、农业院校如何全面提高学生英语水平

（一）转变思想观念，改革传统外语教学模式

我国目前外语教学水平、教学方法普遍存在"费时较多，收效较少"的问题，亟须研究改进。长期以来的应试教学模式导致老师讲得太多，学生练得太少等教师一言堂现象现在依然很严重。教师要改变课堂教学的传统模式和方法，讲练结合，精讲多练。学生能否有多练习的机会和时间，关键在于教师转变观念和做法。改革"教师为中心"为"学生为中心"，建立新型师生关系，以多种教学手段，唤起学生的兴趣。

（二）听的素养与能力训练

"听"是人们交际活动的基本形式。在听、说、读、写、译五要素中，听是放在第一位的。听的能力不仅与其技巧及其熟练程度有关，且与听者的其他方面的语言能力、文化知识及思维能力密切相关，因而，提高听力水平的过程是一个不断发展技巧，丰富知识并同时锻炼分析、归纳、推理等能力的综合训练过程。在多听多练的同时，必须多读，扩大知识领域。定期收听英语材料，并举办英语听力比赛等活动，以激发学生的兴趣。听力训练应坚持循序渐进、逐步提高的原则，从微技能入手，逐步向综合训练过渡，最终提高整体听力水平。

（三）说的素养与言语表达能力的训练

"说"是一种复杂的心理活动过程。随着学习的深入，要逐渐摆脱"心译"，达到不假思索地、自动化地完成复杂的心理过程。所以平时要养成讲英语的习惯，说英语时我们往往会想不起适当的词语或短语，因此停顿、犹豫，要想克服这个困难，平时要多阅读英文书报，另外，在学习英语中，听说不可分。流行于世的李阳·克立兹的"疯狂英语"（Crazy English），大家可以先听，然后模仿着说，最后大声喊，以提高口语能力。再者利用第二课堂举办的Free Talk 和English Party也能有效地提高英语口语表达能力。

（四）读的素养与阅读能力的训练

"读"的素养包括识记、分析、判断、猜测、推理、综合、领悟和评价。阅读能力在很大程度上反映了一个英语学习者的英语水平。它的3个基本要素是：速度、理解和词汇。学生平时要养成良好的阅读习惯，阅读能力的提高绝非一日之功，要掌握方法，平时多读多练，再加上自己的努力相信会有一个大的提高。

（五）写的素养与书面表达能力的训练

"写"是人们进行交际活动的一种重要的基本形式，要想提高写作能力，就要先把基础知识掌握牢固，否则的话，就会经常出错。另外，语言材料和写作知识的贫乏，就会使英语写作成为"无源之本"。由于缺乏阅读量，没有足够的语言材料做基础，往往觉得无话可说。而写作知识的贫乏，又使学生不知怎样谋篇布局，只好东拉西扯，造成文不对题。另外，由于缺乏阅读量，中文式的思维往往干扰英语写作，造成了不少汉语式英语。所以，要尽可能地摆脱母语，凭借外语思维，切忌从汉语概念出发，生硬翻译。

（六）译的素养与水平的培养

"译"是不同民族语言之间的桥梁，包括口译和笔译。就现在的农业院校学生来说，一般的基础英语、阅读能力都不错的，有的听说能力也相当好，但动手翻译能力普遍较弱。教师应向学生介绍翻译的理论与原理标准和一些技巧，并让学生参与实践。学生应学会使用工具书，因为一个人的知识是有限的，有时可依靠工具书来弥补自己知识的短缺。

听、说、读、写、译是外语学习的五个基本技能，这些能力虽各有特点、各有"任务"，但毕竟是一棵"树"上的分支，同根同体，紧密相连与相关。因此，教学中应将它们既分又合，"你中有我，我中有你"地进行综合训练。

提高英语水平是一个循序渐进的过程，教师要注重教学研究，给学生创造一个英语学习的氛围，培养学生的综合英语能力，这样英语综合素质就会逐渐提高。

三、农业院校英语教师全面素质与创新人格的自我完善

英语教师的全面素质应是一个涉及语言学、教育学、心理学、认知、文化等多层面的范畴。农业院校英语教学的实践性、应用性目标，首先要求英语教师应具有一定创新思维与创新能力，从教师素质的提高上来实现农业院校教育的创新性。农业院校英语教师要紧跟市场需求、紧密围绕行业和企业对外语技能的要求进行施教，从教师的角度来强化自身素质的提高和创新人格的培养，把走进校门的大学生培养成具有持续发展能力和创新创造能力的合格职业人。

（一）农业院校英语教师全面素质的自我完善

素质教育是全面发展的教育，教师综合素质的提高是素质教育的核心。作为农业院校的英语教师，一方面与其他学科的教师一样，肩负着教育育人的重任；另一方面，英语教师又与其他学科的教师不尽相同，他们不仅要向学生传授专业英语知识，而且还要在教学过程中对学生进行各方面潜移默化的影响，要让学生对西方国家的政治经济制度、人们的生活方式、教育文化背景等有比较清楚的认识。因此农业院校的英语教师除了具有正确的教育观之外，还应完善自身的素质修养。因此，农业院校英语教师应从以下几方面进行努力以达到全面素质的自我完善。

1.高尚情操和健全人格

教师是学生增长知识和思想进步的导师。教师的个人素质和人格魅力作为一种精神力量，将对学生产生巨大的影响。英语教师虽不对学生进行直接的思想品质教育，但其课堂教学以及自身所表现出来的个人风格、个人品质等言行举止将影响、感化学生。为此，英语教师必须做到：思想上有坚定的信念，工作上要忠诚自己的职业，只有这样才能激发学生对未来职业的热爱和崇高的职业精神；其次，作为农业院校的英语教师，在个人品格上要相对活泼外向、开朗、诚实、自信，只有这样才能给学生留下好印象，才能培养学生的健全人格。

2.创新精神和创新能力

从教育教学的角度来讲，要实施以创新教育为核心的素质教育，就必须更新教育教学观念，积极探索和建构以学生为中心、以学生自主活动为基础的新型教学模式。敢于在英语教学中结合学生现状来选择或增减教材内容，注重多种教学方法的配合运用，既要灵活运用常规教学方法，还要学习和借鉴国内外新的教学方式，使英语教学过程富有启发性和激励性。

3.广博的文化素质

作为农业院校的英语教师除了必须具有英语基础知识，还应不断扩充自己的知识面，主要包括广泛的文化基础知识，较深的专业知识，较扎实的相关学科知识和良好的教育科学知识，如教育理论、教育评价、教育科研等方面的理论。学历不等于学识水平和业务能力，特别是现代社会知识更新快，信息渠道多，英语教师更应自觉加强文化素质修养，提高人文素质和科学素养。

4.全面的工作能力

（1）语言表达能力。英语教师的教学工作主要特点是通过语言表达来完成任务，所以语言的表达是否规范、准确、清晰、精炼、生动形象、幽默风趣，直接关系到教学的效果。

（2）课外活动和训练的组织能力。英语教师不仅要进行课堂教学，还要组织课外英语活动，如果没有牢固的理论基础，缺乏实际工作经验，缺乏应用性、操作性、技能性方面的训练，就很难完成这些方面的工作。

（3）先进教学设备的使用能力。科学技术的日益发展，为现代教育提供了一系列先进的教育手段，英语教师必须尽快学会使用这些先进手段，使自己的教学获得良好的效果。

（4）人际交往能力。英语学习的目的不仅仅是应付考试，更重要的是联络沟通感情，建立融洽的人际关系，而有效的教学与有效的交往是分不开的。教师要善于与学生交往，用心营造一种充满真情和关爱的氛围。

（二）农业院校英语教师创新人格的自我完善

对于创新教育，著名教育家陶行知曾对其定义为：夫教育之真理无穷，能发明之则常新，不能发明之则常旧，有发明之力者岁旧必新，无发明之力者虽新必旧。教育的成功是创造出值得自己崇拜的人，先生之最大的快乐，是创造出值得自己崇拜的学生。说得准确些，先生创造学生，学生也创造先生，学生先生合作而创造出值得彼此崇拜之人。

创新型教师应该是那些具有创新观念、创新能力和创新人格的教师。他们在学习他人、总结自己的基础上，又能超越他人、超越自己，能够积极发现和培养创新性人才。教师的创新主要是指在教学过程中的创新和发现。具有创新人格的教师不仅要有广博的知识、高尚的师德，而且还要懂得启迪学生心智，培养学生的创新品质。具有创新人格的农业院校英语教师应是复合型人才、智慧型人才，应是具有创造性心理品质、独立探索精神、敏锐的观察力、较强的教育科研能力和熟练的信息技术应用能力。

对于农业院校教师来说，创新思维的形成意味着转变观念，对教学有全面的、前瞻性的认知。由于科技迅猛发展、日新月异，具有"双师型"素质的农业院校教师要善于接受新信息、新知识、新观念，能够分析教学的新情况、新现象，解决新问题，不断更新自身的知识体系和能力结构。具有创新能力的农业院校英语教师能够更好地提高教学互动，促进学生英语创新能力的培养。

科研创新也是农业院校英语教师需要注重的一个方面。科研创新指在科研工作中敢于坚持、追求和探索真理，积极获取新知识，提高认识层次和水平，对学科专业的发展态势具有前沿性、原创性的观点和立场。力求推出新的理论和观点，运用科学的研究方法或研究手段开辟新的研究领域或研究方向，将英语教学与职业教育结合，形成具有学科领先地位的独创性的科研成果，并能以产学研结合的形式促进校企合作与产学结合。

农业院校英语教师创新人格的自我修养最好能联系农业院校外语教学的实际，参照以下几个方面进行：第一，努力钻研英语教学业务，对英语不能局限于单纯的语言领域，而要拓展到英语国家的社会经济、历史、习俗等各个方面，在教学中要善于观察出现的各种现象，并有针对性的调整教学方案，善于组织教学方式方法，调动学习积极性和学习效果。第二，要不断地关注外语教学理论，研究新的外语教学方法，并能勇于付诸教学实践。第三，培养钻研外语学术的自觉性，在外语学术研究中有独到的见解，有强烈的求知欲和顽强的毅力。最后也是非常重要的一点是英语教师能具有一定的幽默感。

在英语教学中，首先要做到神态庄重自然，然后再力求语言诙谐幽默。另外，教唱英文歌曲、观赏英文原版影视、情景模拟、编演短剧小品讲述英语小故事等也是培养学生英语学习兴趣的好方法。

（三）不同专业、不同层次农业院校英语教师的自我完善

农业院校英语教师从层次上可划分为学科带头人、骨干教师和青年教师。不同层次的教师由于所承担的教学科研任务不同，他们在素质和创新、专业知识水平等方面既具有共性，又存在一定的差异。就共性而言，英语教师都重视专业知识的积累和更新，知识结构的优化。就差异性来说，由于多年的积累与学习，学科带头人的学识水平、研究能力、教学能力都处在一个较高层面。他们的自我完善主要是进一步提高自身学识，掌握学科前沿理论知识，进一步扩大学术影响，引导和带领英语学科的建设与发展。与学科带头人相比，骨干教师在英语专业知识的深度和广度、研究能力和教学能力等方面都有较大的发展空间。他们既是学术研究的骨干力量，又是教学第一线的中流砥柱。他们既有提高学术水平、加强英语科研能力训练的需求，又有掌握新的英语教育观念，提高英语教学技能的要求。青年英语教师富有朝气、思想活跃、学习勤奋、工作热情。但由于种种原因，青年教师的角色转换相对迟缓，对教师职业的行为规范理解和把握不够，缺乏系统的现代教育理论知识和实践锻炼，因而在实际教学工作中表现出专业知识不足、教学手段和教学方法缺乏灵活性等问题。

不同专业对英语教师应具备的教学技能和技巧是有所区别的。纯英语理论教学一般来说主要依靠资料的收集和信息的获取，教师素质的提高和人格创新主要在于通过名家的指点来启发自己的研究思路，学习和借鉴先进的研究方法，在形式主要采用学术会议、短期研讨和访问学者等方式。英语新兴学科教师则应及时了解和掌握学科发展的新成果、新动态，拓展知识面，优化知识结构等方面，通常采取的方式是高级研讨班、学术会议、访问学者等。

怎样体现新时代农业院校英语教师的形象和风采是值得我们深思的一个课题。优秀的农业院校英语教师不仅要以全面丰富的知识力量培育人，更要以高尚的人格魅力感染人，这样才能真正培养出可持续发展的、富有创造性的人才。

第四节　提高自我发展

一、自主学习与自我发展的英语课堂教学

新课程标准强调"以人为本"的教育理念，要求教师在教育过程中以学生为中心，充分体现学生的主动性，引导学生自主地学习，不能教师"各显神通"，学生却"按兵不动"。在英语教学中，注重学生自主学习与自我发展能力的培养，就是培养自主学习能力，有利于教学质量的提高，有利于学生的终生学习。

（一）学生学习积极性的培养是培养学生自主学习与自我发展能力的先决条件

所谓自主学习，指学习者在学习活动中具有主体意识和自主意识，不断激发自己的学习激情或积极性，发挥主观能动性和创造性的一种学习过程或学习方式。学生能否自主学习与自我发展，取决于是否具有学习积极性，而学习的积极性，来自正确的学习动机。

如何引导学生树立正确的学习动机呢？首先必须对学生加强政治思想教育，经常反复地对学生进行形势教育与爱国主义教育，使学生明白正处在知识经济时代，知识的富有与贫乏，决定着经济发展之速缓、国力之兴衰。让学生认清自身的某种缺乏，反思自己，这样才能促其产生强烈的学习欲望。其次必须结合教材，在讲授过程中不时进行诱导激励。学习外语的动机是由外在诱因与学习者内在动因相结合的心理因素。学生正处于萌动感知期，具有强烈的竞争意识和好胜心理。教师须抓住这一心理特点，善于采取表扬与激励机制，激发学生学外语的动机。外部诱因包括经常对学生学习情况的检查与考试。

（二）课堂教学应引导学生人人参与，这是培养学生自主学习与自我发展能力的有效途径

在英语课堂中，应努力倡导学生的积极参与，让学生在学习过程中不仅能建构知识、提高语言能力，而且通过感知、体验、实践、参与和合作探究等活动方式，主动完成任务和实现学习目标。如何使学生人人参与教学全过程呢？

1.设置问题，引导学生进行实际的语言交际活动

布鲁纳说过："教学过程是一种提出问题和解决问题的持续不断的活动。"外语教学的目的是培养学生运用外语的交际能力，光有真实的、地道的语言材料还不能完全保证培养学生掌握使用外语的能力。在教学中，教师可利用计算机等将文字的、图像的、数字的和声音的多种学习信息表现形式混合为一体，给学生设置问题，启发学生动一动、看一看、想一想、说一说的愿望，把感知或发现到的东西主动融入自己大脑的思考，从而充分调动学生的参与性，达到学习目的。

2.引导学生自行造句操作，培养学生运用语言的能力，提高写作水平

以前的句型操练，往往是教师给出句子再进行领读操练。这样的教法是以教师为中心的产物。须知学生是学习的主体，不妨让学生自己尝试，让学生自己遣词造句。这样做，可发挥学生的思维及想象力，锻炼其运用词汇的能力，引发人人参与。不但培养学生运用语言的能力，同时能提高学生的写作水平。

3.运用导学式教学模式，结合学案，引导学生自己学习新内容

导学式教学要求教师摆正"导"与"学"的关系。教师是"导演"，学生是"演员"，在教师的点拨启发下，学生自主学习，自己联想思考，主动获取知识和发展能力。学生能独立做的事绝对放开，让学生自己去做，切忌教师包办代替。如在教新单词时教师无须逐个讲解，指导一下需注意的地方，便可让学生自己去读去写。阅读课文也完全让学生自行阅读，自己去找疑难点，自己去理解。

（三）布置预习，教学生学会工具书的使用，为学生的自主学习奠定基础

布置预习，要让学生理解文章大意，找到所给问题的答案，提高阅读能

力。布置预习，要让学生有的放矢。教师应将预习内容中的重点、难点、新句型和新的语法现象提示给学生，并提示参阅的工具书和参考资料，切忌让学生盲目预习。布置预习，应鼓励学生注意联想，注意将已学过的语言知识同新的内容联系在一起，加深理解新知识，巩固旧知识。

综上所述，英语教学中注重培养学生自主学习与自我发展能力是形势发展的需要。苏霍姆林斯基说过："只有能激发学生进行自我教育的教育，才是真正的教育。"教师要把学生能够自己独立做的事情都给学生留出空间，让学生有时间、有机会去思考、实践、体验、感悟，去创造、应用，而不要什么都由教师灌输，什么都听任教师摆布。总之，教学要立足于把学生培养成为善于大胆探究、勇于自主创新的人。

二、在英语阅读教学中培养学生自我发展的能力

阅读是学生学习英语四种必备技能之一，是学生积淀丰富语言文化知识和提高表达运用技能的重要基础。透过阅读，能在窥见学生整体理解感知和识记运用中帮助学生及时调整策略，能使得学生在主动积累运用中产生丰富的语言感知。借助阅读，能让学生有更多对话探寻的机会，能使得学生在重新认识自我、审视自我的过程中发现自己的潜能动力，能在不断提高综合运用能力中发展自我，提高英语综合素养，满足他们全面发展需要。

（一）指导圈点，主动质疑

突破认知思维定式的束缚，让学生在自我阅读中有针对性发现问题，彰显了一种尊重主体学习理念。培养学生敢于挑战权威的质疑精神对帮助促进其自我发展起到一定的推动促进作用。指导学生圈点阅读，让他们在主动学习质疑的过程中找到问题症结所在，产生学习的内在驱动力。

指导圈点阅读，能使得学生带着明确的目标方向和具体要求深入阅读，能使得他们在质疑过程中获得更多反思。引导学生在主动阅读的过程中筛选出相关信息要点，能使得他们在整体理解感知的基础上获得更多的质疑问题，便于他们在阅读中深化理解。

（二）互换角色，主动尝试

进入阅读情境达到"物我两忘"的境界是学习的最高境界。引导学生运用多样化的对话方式主动融进文本素材，能发现更多意想不到的内容。从单纯的阅读者向融入此中的参与者转变，能让学生在角色互换的过程中产生深刻的感知体验，能使得他们在不断对话交流的过程中形成更多的认知，并随着这种认知不断深化定会有"豁然开朗"之感。

围绕阅读素材的内容不同，可鼓励学生在深入探究过程中大胆揣摩和交流，让他们在主动搜集整理相关资料的过程中深化感知。允许学生大胆表达自己的思想观点，给他们更多的自由发言机会，帮助他们由阅读输入主动向输出转变。

（三）教师搭桥，主动探究

教师在学生阅读中起到重要的牵线搭桥作用，对指导学生运用英语素材主动深入探究有着一定的推动作用。教师该怎样搭桥，让学生能够主动探究对培养学生独立自学和主动探究有着深刻的影响。

针对学生问题主动指引，利于他们在主动提出自己的观点，帮助他们在教师铺设的桥梁中找到更多的方法和策略，利于他们深化感知。多鼓励学生主动向教师发难，让他们在主动和教师沟通交流的过程中不断深化感知，帮助他们积极探索，增强语言表达综合运用能力。

如前所述，离开了阅读，学生的认知视野和思维必然会变得狭窄，只能成为教材知识的接受者；离开了阅读，定会让学生在被动应付的学习过程中成为"留声机"。围绕"主动"，多给学生质疑找问题、角色转化对话、思考发问探引，定会使得学生在尝试中增强认知感悟，在表达运用中获得广阔的发展空间，切实提高自我发展能力。

三、基于英语教师自我发展问题的思考

21世纪国际竞争的特点之一是在交际中竞争，在竞争中交际。作为人类交往工具的英语和文化传播者的英语人才势必成为这场竞争的核心。我国大

学英语教学历经了20余年的发展，虽然取得了显著的成绩，但是也面临着许多新问题。现阶段英语教学的现状和效果还远远不能适应改革开放尤其是面对21世纪国际竞争态势的要求。

联合国教科文组织对外语教学质量提高提出了"五个因素和一个公式"。五个因素指国家对外语教学的环境、学生的来源和质量、教材的质量、教学环境与条件、教师的素质，一个公式是：教学质量＝[学生（1分）+教材（2分）+教法（3分）+环境（4分）]×教师素质。从公式上可以看出，教师素质的分值越大，乘积越大，教学质量则越高。在影响教学质量的诸多因素中，教师素质起着举足轻重的作用。

由上述可见，提高外语教师的整体素质是提高外语教学质量的关键。而"外语教师研究已成为外语教学研究最重要的方向"。

（一）大学英语教师的水平现状

近几年来我国高等教育的招生规模以每年8%左右的速度在发展，在这种情况下外语师资不足是不可避免的。目前，大学公共英语教师的授课任务非常繁重，一周至少是12课时，同时还要进行备课、设计教学、批改作业及课后答题解惑，教师工作量普遍过大，教师精力有限，教学质量势必很难保证，有限的师资与繁重的教学任务之间依然存在矛盾。许多高校无奈之下只好招聘英语本科毕业生做教师，当英语教师的门槛越来越低，不少教师在发音、语法、文化修养和教学方法运用水平方面都有待提高。

很多大学英语教师，尤其是占总数65.25%的低教龄和低年龄教师，只是具备了英语学科的知识，达到了"能教"的层次，但离"会教"还存在较大的差距。师资状况调查表明，目前许多教师没有经过专门系统的理论培训，教学缺乏理论研究的支持。即便是从事了多年大学英语教学的教师，也可能是几年教学经验重复了几十次的教师。虽然一定数量的硕士、博士毕业生充实到大学英语教师队伍中，但他们读书期间并未接受较好的英语教育教学方面的训练，这就造成他们成为英语教师后的课堂教学效果和课堂研究能力不尽人意的情况。

辛广勤指出，广大英语教师如不重视自身英语语言能力的持续提高，长年照本宣科从事重复性、基础性的大学英语教学，非常容易出现语言石化现象（fossilization）。而对于中国的英语教学来说，教师英语水平和熟练程度正是关系到英语教学质量的重要因素。

知识结构不合理、语言实践能力不高，教学思想和理念落后，科研意识普遍比较淡薄，科研能力不强已成为阻碍我国农业院校英语教师自我发展的桎梏。大学英语教师的自我发展已经刻不容缓。

（二）大学英语教师的自我发展

1.教师自我发展的内容

束定芳和庄智象在《现代外语教学》一书中将外语教师的素质归结为：①较为扎实的专业知识和专业技能；②教学组织能力和教育实施能力；③较高的人品修养和令人愉快的个性；④较为系统的现代语言知识；⑤相当的外语习得理论知识；⑥一定的外语教学法知识等六个方面的能力和学识。而刘润清和戴曼纯在《中国高校外语教学改革现状与发展策略研究》一书中将优秀教师应具有的素质归结成：扎实的语言基本功，尤其是口语流利，发音准确；教学效果好，深受学生欢迎；有较强的科研能力，尤其在外语教学方面有造诣；能理论联系实际，学以致用；有合作精神和责任感。

吴一安在较大规模实证研究基础上提出了我国农业院校教师应具备的专业素质框架，含四个维度：外语学科教学能力；外语教师职业观与职业道德；外语教学观；外语教师学习与发展观。

综合上述观点，大学英语教师自我发展必须从以下几个方面入手：一是加强扎实的英语专业知识和专业技能的培训，有过硬的英语基本功；二是加强教学理论修养，要具有教学创新的勇气和能力，学习并运用国际上新兴教学理论结合本校教学实际情况进行创造性教学；三是强化科研意识和能力，与时俱进不断更新教学观念，培养终身学习的意识和实践；四是热爱大学英语教学，热爱学生，能用自己的积极情感去感染学生的积极情感，成为学生的良师益友；五是掌握现代教育技术，善用多媒体等计算机辅助教学手段。

2.在教学中，大学英语教师通过自我发展，应成为：

（1）信息资源的收集、分析和提供者

新形势下教师的职能应发生相应的变化，不只是传统意义上知识的传授者和灌输者，而应在学生的学习过程中为其提供各种信息资源。教师在确定学习某主题所需信息资源的种类和每种资源在学习过程中所起的作用后，要广泛地收集各种分散的学习资源、学习信息，把这些资源和信息加以分析和处理，然后以多媒体和网络的形式有选择性地提供给学生。

（2）学生学习过程的指导者和帮助者

教师应该是学生学习活动的指导者和帮助者，是为了使学习者能够积极探究知识而进行有效帮助，帮助学习者根据自己头脑里的认知结构自主建构知识体系。

（3）学生合作学习的组织者、引导者和协调者

在教学过程中，教师要扮演组织者、引导者和协调者的角色。教师应把握对应于各种学习课题的学习途径、学习资源，对学生的学习活动进行有效的组织、计划和协调。教师要教给学生语言学习的规律和方法，要善于启发学生，培养学生的自学能力和主动获取知识的能力。整个教学活动要始终以学生的语言活动为中心，鼓励学生勤学好问、积极思维、灵活掌握所学知识，有效引导学生去发现问题和解决问题，重视培养学生的学习自信心。

（4）信息化学习环境的管理者和开发者

教师要掌握多媒体技术及与此相关的网络通讯技术的基本知识和技能，做好信息化学习环境的管理工作，还要能设计开发先进的教学课件，并将它们融于教学活动中，为学生营造一个集知识性和趣味性为一体的学习环境。

（5）学生学习的评价者

信息时代对学生学习的评价，不同于传统的课堂教学的评价。学生除了在课堂上学习和参加考试外，还有大量的时间进行英语网络自主学习。因此，教师应具有综合评价能力，能结合收集的数据，重点评价学习者解决问题的过程。

（6）终身学习者和教学的研究者

一方面，教师应树立"终身学习"的理念，成为终身学习者。另一方面，教师还要成为教学的研究者。大学英语教师要强化自己的科研意识，把教学研究作为教学工作的一个有机部分，充分认识到教学研究对提高自身素质和教学水平的重要性。

（三）大学英语教师自我发展的途径

1.教师自身的努力

首先，教师在教学之余要持之以恒地自学英语，大量阅读和写作，坚持收听收看英文类节目；其次，教师要自学基础理论，"用应用语言学的理论和实践武装我国外语教师更是刻不容缓"。教师可以通过阅读国内外出版的各类外语教学专业的著作和杂志，以及借助发达的网络系统来了解国内国际同行的最新理论和进展；第三，培养教育信息素养，提高现代教育技能，能够将自己获取的有效网络信息辅助于教学；第四，教师在教学过程中，要能做到对每节课、每天的教学活动进行反思研究，自我监察、自我评估，以帮助不断构建和完善自己的教学观念和设想，解决教学中出现的问题，同时还能帮助提高科研能力和职业影响力；第五、撰写研究论文或报告，进行学术创新，这也是大学英语教师发展中最薄弱、最有待于发展的所在；最后，教师还可以通过积极主动参加各类教学竞赛，开设选修课程来挑战自己，可以参与编写高质量的教学材料、申报研究项目，使自己的实践理论化、理论实践化。

2.群体的共同发展

教师可以通过集体备课，互相观摩课堂教学，来交换并客观分析彼此之间的信息，从而提高自己的教学能力，还能加强同行之间的认同感和理解。大学英语教师还要多多参加开会交流、加入学术专业组织，可以交流思想，明辨发展方向，明晰发展方法。

3.学校等上级部门的支持和帮助

学校等上级部门应该对教师的辛勤付出给予关怀和肯定，多为教师的进修、对外学习和交流争取机会，对教师在教学中取得的进步给予物质或精神上的奖励或鼓励，只有这样才会使教师更加意识到自身的辛苦付出是有价值的、是有目共睹的，从而有利于教师奉献意识的提高，有利于教师队伍的稳定和发展。

目前虽然我国尚缺乏有效促进大学英语教师发展的机制，这其中的种种矛盾不可避免地存在着，但也依然坚信广大英语教师是有责任心的、是对教育事业能够全身心投入并付出的人，而"这也正是大学英语教学的希望所在"。

第七章

农业人才英语能力培养的
环境创造

第一节 深化教学管理改革

一、大学英语教学管理的内涵及基本原则

大学英语教学管理是个极其复杂的体系。具体说，英语教学管理指的是对整个英语教学过程的计划和组织。该体系主要包括三个要素：学生的学习、教师的教学和管理者对教学过程的掌控和管理。而学生、教师和管理者，作为大学英语教学管理这个系统的主体，每个的职能都是独一无二且不可代替的。其中，学校的管理层主要是依据教育部门和学校的宏观教育方针和原则进行决策制定和管理，教师是学校计划和教育政策的直接实施者，学生是政策的受众群体，是计划、措施得以顺利进行的主要参与者和有力支持者。整个教学管理体系是一个整体，各主体一方面各自发挥着自身的功能，另一方面彼此间相互作用。因此，要想在当前的多媒体技术环境下使教学效果最大化，就应该坚持以下教学管理基本原则，使两者能完美融合。

首先，大学英语教学管理需要遵循全面性原则，即要从大局出发，全面考虑问题。如今教育的大背景已经发生变化，信息现代化的兴起使得传统的教学模式逐渐被"慕课"和由此衍生出来的"翻转课堂"教学模式所取代。因此，教学管理层需要适时的调整原有的教学目标、教学大纲、教学计划、教材计划等，以最科学、最合理的方式把各主体有机的协调起来，实现教学效果的最大化。

其次，大学英语教学管理需要遵循反馈性原则。教学管理的过程就是要不断地监控、调整和改进。这一切的前提就是反馈的信息量。在前期计划制定出来的基础上，各主体应该严格执行各个环节，实现信息传递的快速和反馈的及时。只有这样，管理者才能通过反馈的结果，及时发现问题并分析解决存在的问题。

再次，大学英语教学管理需要遵循阶段性原则。教学工作是一个持续的

过程，无论是对教与学的哪方面，都要既重视整个过程，又抓好不同阶段的管理。因为只有每个阶段都管理好，才能实现全过程管理的顺畅和教学整体目标的最终实现。

最后，大学英语教学管理需要遵循评估性原则。评估评价体系是教学中不可缺少的重要组成部分。因此，要想做好大学英语教学管理，拟定全方位、多层次的教学质量评估指标是必不可少的。随着时代的变迁和教育整体水平的不断发展进步，过去的、一成不变的教学模式在具体的教学实践中已经显现出缺陷，不利于大学英语教学质量的提高，因此，教师应该在英语教学过程中，不断地创新和实践，吸收各种好的教学方法，以改进教学效果。简言之，评估的顺利进行，也是获得教学反馈信息的一个重要途径和保证，为最终的教学目标的实现奠定了坚实的基础。

二、农业院校大学英语教学状况

（一）教师和学生配比不协调

据调查，全国大多数农业高等院校教师人数和学生人数比例不协调。例如，某农业大学为参加大学英语课程的大学生人数已经达到了1万人以上，但是承担大学英语教学任务的老师只有20几个，这些老师在承担全校的大学英语课程的代课任务之外，还要承担部分英语专业课的授课任务，工作较为繁重，影响大学英语教学水平和质量的提高。

（二）师资队伍不稳固

农业高等院校大都处于比较偏僻的地区、经济欠发达。一些知名度较高的业内专家和学者引不进来，即使引进来了也很难留住，这种情况在很大程度上限制了农业高校的大学英语师资队伍的稳固和教学科研水平的提高。

（三）教学方法死板，学生没有兴趣

传统的大学英语教学模式采用的是"一刀切"的方法。由于学生的水平参差不齐，必然会出现严重的两极分化现象。基础好的学生觉得课堂内容不够学，基础相对薄弱的学生又觉得跟不上，最终形成了大部分学生对英语学

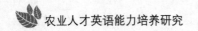

习失去了兴趣和积极性。

（四）教学管理模式不统一

从组织上讲，很多农业高校大学英语教学管理还处于一种零散的阶段。而在实际教学中，却表现出规模宏大、涉及面广的特点。有一些农业高校把大学英语的教学归为"基础教学部"来管理；有一些农业高校把大学英语隶属于"公共外语系"的其中一个分支；还有一些农业高校的大学英语教学属于学校教务处的一个部分；更有一些农业高校建立了"大学英语系""公共外语系"等等的单独系部。以上种种情况充分表明农业高等院校的大学英语教学亟待探索出一个统一的行之有效的管理模式。

三、农业院校大学英语教学亟待解决的问题

（一）加强教学组织管理的转变

大学英语教学的管理已经不是简单的办公室行政工作和学院教学工作的联合，更不是普通的行政管理人员或者老师们能够顺手做了的。本文笔者认为，农业高校的大学英语教学应该作为学校所有教学管理的一个必要部分，为大学英语教学专门设立一套拥有正规的教学管理和组织的机制，明确大学英语教学和管理的目的以及重要性、划拨专门的大学英语教学管理人员并提供一些用于大学英语教学研究发表的刊物，以期能够对学校的大学英语教学做建设性的指导和论证。

（二）因材施教，建立分层教学模式

大学英语分层教学管理模式即依据学生当时的英语听、说、读、写能力和现有的英语水平把学生分成不同的班级并采用不同的教材和方法分开教学，因材施教的提高处于不同层次的学生的英语学习能力和水平。以北方农业大学为例，根据学校现有的公共必修课人才培养方案的要求，在大一新生入学时，学校依据新生的高考英语成绩对他们进行分班操作，其中高考英语成绩在110分以上的同学被分在了英语四级高班，高考英语成绩在90分到110分区间的学生被分在了为英语四级中班，高考英语成绩在75分到90分之间的学生

被分在了英语口语中班，高考英语成绩在75分以下的同学被分到了英语基础口语班。对以上的每个层次的班级都分别采用不同的教材分开授课，期末考试也是分层次和班级进行考试，对学生的期末考核改为过程性评估和期末卷面成绩两种测试渠道结合的方式，适当加大了平时课堂表现的考核比例。这种考试方式侧重于对教师的教学过程和学生的学习过程进行双重有效的评价。使用这种改革创新的教学方式对促进大学英语教学水平的提高具有重要意义，可以激发学生学习的英语学习潜力和积极性，增加他们学习英语的自信心。

（三）加强师资培养力度

农业地区高校要注重加强大学英语教师专业素养和教学水平的培养和提高。学校要创造有利的条件，鼓励大学英语教师通过各种方式去国内外知名的院校和科研管理机构进行培训和进修，争取为大学英语教师的进步和提高创建平台，加强教师专业技能培训，从而促进农业高等院校大学英语教学质量的提升。

（四）进行教学方法改革和转变

农业院校大学英语教学要积极探索多种多样、灵活创新的教学模式，加大引进互联网和多媒体技术在大英教学中的运用，教师可以围绕教材主题创新制作多媒体课件，使用与教学主题有关的画面、故事、歌曲等丰富课堂教学的素材来激发大学生学习英文的兴趣。此外，教师可以围绕教学内容，引进多种形式的活动来实现寓教于乐，从而活跃课堂气氛，最终达到提高大学英语教学效果的目的。

四、关于农业院校英语教学管理的几点思考

高校教学管理工作的重要性并不亚于教学工作，良好的教学管理对于加强学生思想教育，提高教师教学质量有着极为重要的作用。高校教学管理中，二级学院在计划管理、过程管理、评估管理等方面作用举足轻重，但是反思我们现行教学管理模式，二级学院的教学管理职能却受到严重束缚。

我国传统的高校教学管理模式是在计划经济体制下形成的，以行政指导

管理教学为显著特点。学校领导按照上级教育主管部门的指示和要求,结合学校实际,制定出学校近期和长期工作目标和方向后,各教学系或二级学院根据学校教学总体工作要求和目标制定具体实施措施和方案并组织相关人员逐步实施。这种体制下的高校教学管理,极为重视依照规章制度办事,各项教学事务必须依规章走程序,行政味道浓厚。虽然该模式下依规办事,便于操作,但是因其教学理念滞后、程序繁琐、办事效率低下等原因也严重影响了高校教育发展。该模式下的教学管理工作一般以教务处牵头,二级学院为辅,二级学院和教务处之间甚至存在着管理与被管理的关系。教务处直接制定教学计划并对教学过程、教学效果进行评估管理,而二级学院则无法充分参与决策,或是被动参与教学管理过程,最终顶多只能沦为教务处决策信息的收集者而已。该模式的最终结果为教务处统筹各项教学管理工作,各二级学院向教务处报告。这样的统筹管理无法切实考虑到各个学院的差异性,一定程度上导致过程复杂、手续繁琐,无法因院而异,甚至会束缚二级学院的教学管理工作,妨碍二级学院发挥其主观能动性。

（一）计划管理

培养方案是学校管理教育教学思想的具体体现,是组织教学过程、安排教学任务、实施教学管理的基本依据,是保障教学质量和人才培养规格的重要文件。培养方案的制定中虽然二级学院扮演者执行者角色,但是在教务处条条框框要求下制定出来的培养方案一般是符合全校特色且笼统的,进而在某种程度上忽视了学院特色。二级学院培养方案的制定犹如带着镣铐跳舞,美则美矣,但又似乎美中不足。

教务处统一规定各个专业课程体系必须由公共基础课程、专业领域课程、拓展选修课程和集中实践课程四部分组成；低年级开设基础课,高年级开设专业课；所有专业无论文理科和留学生必须修学校特色课程、金工实习课程以及形式与政策等课程；所有专业每学期期末必须安排校内实践课程。现在英语教学的规定过多过细,教务处统一规定大学英语统一教材,统一课程进度,统一的考试方式和考试内容。所以放眼望去,不同教室不同教师教的几乎是同等内容。条条框框的结果是低年级学生公共基础课程过多,学生没有学习动力和热情。新生刚进校正式渴望知识,学习动力最强的时候,大量的公共基础课不但没有给学生打好基础，反而在一定程度上磨灭了学生的学习热情，养成了懒散、逃课的坏习惯。高年级学专业课时反而没有冲劲和动力，或者课程过于集中导致时间精力不足。专业课和专业选修课集中在高年级开设，因为上课人数和时间限制，学生要么抢不到要么没有可选。总而言之因为师资、选课门数、选课时间限制等原因，学生并不能完全按照自己的兴趣爱好选课。目前大多数高校采取学分制，二级学院完全可以尝试在低年级开设一些基础级别的专业选修课，以在低年级阶段培养学生对本专业热情，增进学生多本专业知识。对于部分基础级别的专业课，完全可以放开学院、专业限制允许跨学院选课，或者适当开设各类针对非专业学生的公选课增加学生选课范围，另一方面可以调动学生上课的积极性，促进各专业基础知识的融合，形成一种良好的学术氛围；另一方面面对不同专业的学生，不同的思维方式，在一定程度上也可以调动老师的上课积极性，以不同的角度、层次钻研教材，接受新的教学思想和教学方法。例如现在英语教学的规定过多过细，教务处统一规定大学英语统一教材，统一课程进度，统一的考试方式和考试内容。所以放眼望去，不同教室不同教师教的几乎是同等内容。

（二）过程管理

教学过程管理应为教学管理工作的中心环节。教学过程管理比较繁琐，学校发生的日常琐事都可以归纳到过程管理范畴。过程管理环节大致可以分为工作组织开展和工作指导协调。

组织开展教学工作，首先应该建立健全各项教学管理规章制度，例如针对学生的教学管理手册、学生事务管理条例，以及针对教师的各项教学工作规范等。规章条例的制定可以规范师生行为，各项事务有规可依、有章可循，在一定程度上也可调动广大师生的积极性，提供教师队伍素质和教学质量，也可规范学生管理，促进维护学校正常教学秩序。其次加大各项教学管理规章制度宣传学习力度，针对学生的各项管理条例都已汇编成册，以及相关教师教学工作规范、教学检查制度和教学差错、事故认定及处理办法等建立健全后，学校及二级学院都应加大其宣传力度，每学年对新生进行学生手册指导教育并进行考核，同时每学期学院也应该组织教师学习学校各项规章制度，确保在有规可依的情况下，广大师生能知规守规，按规章制度办事。同时，组织开展教学工作的一个重要环节是建立有效的教学组织机构，以二级学院为主导的教学管理机构，二级学院下设各专业教研组、各教学科研团队、考试委员会、竞赛委员会等分别管理学院各项教学事务。二级学院为主导，二级学院另设各级主任和团队负责人对各相应教研组、团队、委员会进行管理，以实现二级管理。

指导协调工作包括学校或学院每年都要组织培训工作，国内国外访学、青年教师深造，甚至包括各类教师培训班，以及上述规章制度学习培训等。学院应对各教研组、团队和委员会进行工作指导和安排，同时为了提高工作效率二级学院还应协调好学院和教研组、团队和委员会之间的各项关系。指导和协调工作中应处理好严格与宽松的关系。管理与被管理者之间存在着两种关系，一是工作关系，强调责任；二是人际关系，强调感情。原则上事情应强调工作关系，严格按照规章制度执行，公事公办。但是教学过程的管理又不能太过于死板，否则让人觉得人情淡漠，所以在一些非原则性问题上则需要适度宽松，争取师生的积极性。例如对于考试方面应严格按规章执行，教师出卷、阅卷、录成绩应确保符合各项要求，决不能有半点马虎；学生参与考试也应严格遵守相关考试制度，诚信考试。但是对于非原则性事情，例如学生选课、教师调课等方面则应该适度宽松处理。宽松处理并不表示对现有规章制度的漠视，而是在遵循规则的情况下，适度灵活处理。当然在教师管理和学生管理的方式上也不尽相同，对于学生应以教育为主，帮助其养成良好的按规章办事的习惯，否则一味地宽松只会误导学生。对于广大教师，工作中则以协助为主，帮助教师完成教学任务。

（三）评估管理

近年来随着高校体制不管扩大和教育体制不断改革，高校评估工作也不断推进，课堂教学评估不仅可以有利于学校学院全面、准确地掌握教学信息，进一步强化教学管理、提高工作效率，同时也能帮助广大教师了解自己的教学情况，及时更新教学内容、改进教学方法从而提高整体教学质量。目前针对教学评估主要借助教学软件采取学生评教、教师互评、督导评估等手段，但是在评估过程中却出现了些许问题，例如学生能否公证客观地评价教师的教学水平，把学生对教师的评议作为教师课堂评估的方法是否可取；同行互评目前一般采取自行配对互评，那么这种同行互评是否真的准确。督导人员大多为教学经验很丰富的退休老教师组成，通过随机抽查或重点听课等方式对进行听课，其评估应该相对更为客观、严谨和公正。但是课堂教学评估标准如何鉴定，督导组听的一节课是否可以判定教师的上课水平。鉴于此课堂教学评估或者可以结合多种评估方式，甚至加入行政评教，按比例的权衡各种课堂评估方式，尽可能地做好公平公正的课堂教学评估。

优秀教师的标准绝不应该是上好一堂课，反而上好一堂课应该是优秀教师的基础条件。课堂教学评估机制目前已较为成熟，但教学管理评估工作不应仅限于课堂教学评估，针对教师工作评估除了课堂教学外还应包括科研评估、工作量评估、考勤评估以及其他综合评估，定期考核教师的教学态度、教学能力、教学方法、业务水平和教学效果等。除此之外还得进行课后工作考核，定期考核教师的教学研究、教学改革、学科建设、教材建设、教学管理等方面。对于某方面优秀的教师，应予以表彰和奖励，鼓励其行为，记入教师成长档案。在同等条件下，评定职称时，应予以优先考虑。同时对于表现不好，工作不负责或者学校规章制度违反者，学院也应根据情节轻重予以批评教育或必要的行政处分。对于教学管理，明确的奖惩体系不但可以规范教学过程，还能提高教学质量，提高管理工作效率，同时也能确保学校的各项违章制度落到实处，避免管理工作的表面化和形式化。

五、精确教学管理在农业院校英语教学中的实践

提升学生英语水平需要一个长期的过程，关键在于采取良好的教学方法。在英语教学过程中引入现代企业管理中的精确管理理念，对提高教学质量发挥重要作用，其环环相扣的过程管理，能够使每个学生都完成学习任务，实现教学整体目标。另外还能够有效激发学生的学习积极性，使学生积极主动参与到教学中，对消除学生的懒散学习态度起着重要作用，使学生的英语学习效率得到提升，大大提高英语教学质量。下面就对精确教学管理在英语教学中的实践进行探究，以此为提升英语教学质量奠定基础。

精确管理理念是由科学管理之父弗雷德里克·温斯洛·泰勒提出来的，随着科技的迅速发展，精确理念也在不断变化。精确管理是通过研究目标与

流程，掌握信息最大限度，将管理任务进行有效的数量化分解，形成若干个小模块，之后采取有效方法对每个小模块实施管理，以此实现精确的管控效果。

精确教学管理在英语教学中的应用，是建立在计算机当中学生信息库的基础上。精确教学管理模式将教学管理分为三个信息库，分别为学生基本信息库、学生学习行为库、教师教案信息库。通过这三个信息库使得英语教学更加有效、精确，为提升英语教学质量奠定基础。

（一）量化管理在英语教学中的应用

将量化管理应用于英语教学中，能够使学生更好地展开英语学习。量化管理是将教学整体目标划分为若干个清晰明了的小目标，为英语教学精确管理提供了量化标准。学生通过围绕目标进行学习，有效提升了学生学习效率。为了提升学生学习英语的积极性，教师可采取多样化的教学方法。比如，将任务型教学法应用于英语课堂，教师在制定学习任务时，可具体到每个星期或每个单元，根据学生需完成的任务制定一张学习表，学生完成了相应学习任务可在后面做标记，教师通过任务表了解学生的学习情况，对表现优秀的学生给予奖励。

需注意的是，教师要注重英语知识点的细化，应根据教学内容与学生实际水平制定良好的学习目标，让学生根据教学目标展开学习。以这种方式进行英语教学，能有效激发学生学习积极性，使学生自主地展开英语学习，为提升学生的英语学习效率奠定基础。

（二）建立过程评价制度，用制度规范管理

量化管理在英语教学中的应用，为更好地实施因材施教奠定基础。其能够为教学提供精确数据，便于教师更好地展开教学。在这个过程中，有的学生会出现懒散的现象，极大地影响了教学整体质量。因此，教师可以通过建立过程评价制度，规范教学管理，来提高学生的学习积极性。

在建立过程评价制度过程中，可以进行奖章设置。根据学生平时的表现给予学生相应的奖励。比如：单元测试在90分以上的学生，可获得一枚奖章；收集四枚优秀奖章的学生，可获得英语之星奖；作业进步较大的学生可获得

一枚阶段进步奖。通过这一奖励制定，不仅能达到规范学生学习的作用，而且还能使学生有更精确的学习目标，使其朝着学习目标而努力。这对一些学习懒散的学生能起到良好的激励作用，在很大程度上减少了学生懒散的问题，有效激发学生的学习积极性，使学生主动参与到教学中，为提高英语教学质量奠定良好基础。

（三）以大数据推进精确教学管理

随着时代的快速发展，信息时代教育改革不断深入，教育信息化成为当前教育的主要发展趋势。因此，教师在英语教学中，应为学生创建信息化的学习平台，为提高英语教学质量奠定基础。

教师在教学过程中，应注重数据化的应用，当前教育中的考试机读批阅使用很广泛，这对于学生平时作业和训练的批改更加信息化，对学生学习效果及教师教学效果清晰化具有重要意义，更好地为精确教学管理奠定基础。

同时，学校还可以通过建立一批学科专家团队，与学校资源库连接起来，为学生提供良好的知识库平台。教师通过详细梳理整合英语知识点，并根据教学内容设置配套的分层训练题，让学生进入信息库选取自身所需的知识，通过巩固训练提升自身不足之处，以此为提高学生英语学习质量奠定基础。

另外，为了实现教学资源的互通，学校还可以与其他学校进行合作，将各校的优势发挥出来，实现资源的共享。学生通过应用丰富的英语资源，提升自身的英语水平，促进高校英语教学共同发展。

第二节　和谐教与学关系

一、英语教与学中常见的误区

英语是大学、中学乃至小学的主科之一。因此、学好英语是很多人的梦想。但想学好英语并非是一件易事，在此过程中如果不注意，会步入一些误区，下面我们就来探讨一下。

（一）通过重复抄写来记忆单词

记好英语单词是学好英语的根本，单词记不了，英语学习就很难展开。据我了解，目前很多老师也是用这种方法来让学生记忆单词，但我们知道，这是一个多累的过程！有些老师让学生抄上十几甚至几十遍，这需要多少时间，多少精力？应该不少吧？如果只是一味认为，只有反复抄写才能记好单词，那就错了。长此以往，随着年龄的增长和学习任务的加重，学生学习英语的兴趣和毅力将会大大地减退，换句话说，这绝对不是一种长久之计。

其实，记忆单词不必那么累人，它也有很多好方法，只要平时多注意、善于总结就会发现。比如你可以由部分字母相同（开头、中间、结尾都可以）来记忆单词，如以all结尾的而且前面只有一个字母的单词，根据字母表顺序，就可以很快想到以下单词：ball，call，fall，hall，mall，pall，tall，wall等。

（二）盲目抄写练习和试题，练习没有针对性

盲目抄写给人的感觉就是累，时间久了只能令人厌烦，从而引发厌学情绪，给英语学习带来诸多不利因素。

首先从出题人来讲。现在中小学的期中期末检测题有一部分甚至相当一部分都是从平时的单元测试题中选出。这会给老师和学生一种错觉，只要熟悉几张单元试卷，便可考好试。因此，学生平时主要做的事情就是针对单元

试卷抄啊，背啊，读啊。其他更多更深入的学习内容和方法，他们不愿意再去深入了解和研究了；其次，很容易出现"高分低能"的学生。试想一下，除了会背和抄写几张单元试卷，虽然偶尔考得很好，很优秀，但只要一变通，就无法面对，这样的学生不能算是"学优"吧，尤其从长远来看，那只能是书呆子一个；第三，这也是对老师的一种误导。现在虽然提倡素质教育，现在很多地方的教育部门和学校，主要还是以学生成绩来衡量老师和学生。换句话讲，素质教育根本没有体现出来，这不能不说是素质教育的一大败笔。

所以，抄不是长久之计，老师应该根据一节课的重难点，多角度、多方面来选练习，来设计练习，注重培养学生灵活多变的技巧，让他们学会在任何场合、任何考试都能从容面对。之过程中还要注意，不同的学生应设计不同的练习，因为学生的基础是参差不齐，这样他们都学有所成，他们的心里就会感觉到平衡了，学习也就没什么压力了，感觉轻松自在多了。

（三）盲目使用多媒体来进行教学

使用多媒体教学，是现在教学手段的一大进步。它的优点体现在以下几方面：首先，它使课堂内容更丰富多彩；其次，它能有效地缩短教学时间，提高教学效率。有条件的地方还可以实现资源共享，最大限度地实现了教师、学生、学校、家庭和社会之间的交流；第三，它对教学内容可重复使用，这也大大地提高了教学效率；最后，它能大大地增加练习量和信息量，使学生得到充分练习，也增加了学生的知识量。

但是，任何事物都有两面性，多媒体也不例外。不是每节课、每位老师、每一个学生都随时能迎合多媒体，从这个角度考虑，就应该有选择地使用多媒体。那么，多媒体到底存在哪些不足呢？首先，它会让师生间缺乏互动性，使老师在课堂上的主导作用和学生的主体作用很难体现；其次，它信息量大，节奏快，学生很难跟上它的进度，整个过程都很被动；最后，有的多媒体配有一些很精彩的"音画"，这样学生可能会把更多地精力放在欣赏这些"音画"上，从而忽略了学习。

由此可见，老师应该根据教材和学生的需要，有选择性地使用多媒体，让多媒体与普通教学手段有机地结合。

（四）听写的内容和训练单一，没有针对性

听写是英语学习中的重要一环，是检验学生是否记住单词的方法之一，因此听写在英语学习中是相当必要的。但是，要很好地完成这一环节，我们就要注意以下问题，否则很难达到预期效果：

首先，听写内容不要过多，一般要以前一节课的词汇量相当。如果太多，那也不一定要听写完，我认为十到十五个即可；其次，听写的内容一定要包含有该节课的重难点，否则听写就失去了应有的意义；第三，有条件的话可以多下载一些正版的影像资料来作为听写内容，让学生多听一些原汁原味的英语，这对英语的听力考试和学生学习口语是大有好处的；第四，听写内容不能太单一。有的老师听写时就喜欢清一色，要么都是单词，要么都是短语，要么都是句子，这可不利于全面训练学生的听力；最后，听写内容要难易结合。当听写到较难内容时，而且发现大部分同学都写不出来时，老师就不能按一贯的做法，要随机应变，要适当地作提示。这可能更有利于学生听写，更重要的是给他们信心——下次一定要会写。有些内容太长，老师可以提示一下首字母或中文意思，这样学生会很快想起来。

（五）课堂中过多使用口语

英语课堂中适当使用口语。如果一节课下来，你都是满口中文，很少甚至不讲一句英语，这也不太像一节英语课。常使用英语口语来进行教学，对学生会起到耳濡目染的传授和感染。我们要根据实际情况来选用口语来上课：

首先，口语使用把握不好，会削弱使用效果。老师口语过多，学生容易感到自卑、焦虑，从而打击他们的信心和积极性；第二，口语过多会影响到师生的互动；第三，口语用得过多，基础在中下游的学生很难适应，很难坚持，这也许会直接导致他们放弃学习英语，严重影响到教学，得不偿失；第四，英语口语的使用与适应，对学生来说，应该是一个较漫长的过程，我们不能操之过急，一步登天，应循序渐进，逐渐增加，反复操练，才能达到最佳效果。

总之，英语学习很重要，也很必要，我们一定要理解好英语课和我们本身的特点，不能盲目刻意追求，不能随波逐流，要选择适合自己的和自己会

用的方法。这样你就会少走很多弯路，少淌很多误区，少花很多力气，你的英语教学也会变得很轻松、很自在。

二、农业院校英语教学中教与学目的的分析和思考

大学英语教学作为全国大学基础课程之一，意味着每一个进入大学学习的学生都将利用两年的宝贵时间学习大学英语课程。学习大学英语课程的学生人数之众多，使得大学英语教师不得不去思考其中的意义和内涵，如何树立正确、科学的教学目的，如何端正学生的学习目的，如何使众多学生在大学英语课堂中获得助益，这些问题都困扰着大学英语教学的发展。

（一）当前大学英语教与学的目的模糊不清

随着教学理论的不断研发、更新和完善，辅以大量的教学实践和教学改革，大学英语教师们已经普遍开始摒弃填鸭式的教学方法。当前教师完成大学英语教学工作的目的除去完成必要的课时目标外，讲授语言知识，训练语言技能几乎成为全部的工作目标，在这样的教学目的面前，教师们不得不花大量的课堂时间进行测试和练习，如教师安排定期的单词短语听写，定题演讲，组内讨论等，这些活动的设置都只围绕在传统的听说读写译五项技能的培养上。当然，除此之外，各个阶段的考核以及大学英语四级和六级考试令学生和教师紧迫感十足，不得不花费大量的时间进行备考。不可否认在备考的过程中，学生的听力、阅读、翻译、写作能力会有提升，但是我们教师要清醒地认识到这些能力与实际应用中的听说表达是有本质区别的。大学英语的教学过程中，无论是学生的学习目的还是教师的教学目的都不能以通过考试为唯一前提，这是非常不可取的。

在与学生交流过程中发现，绝大部分学生是认同英语学习重要性的，但在实际操作中却踟蹰不前，学习大学英语的目的不明确。一些学生以通过考试为其学习大学英语的首要目标，这些考试包括教师布置的测验，阶段性测试，以及大学英语四、六级考试等；还有一些学生，受限于本专业的学习，对专业课的重视和时间精力的侧重，使其对大学英语的学习有心无力；当然还有一部分学生在进入大学以后，学习动力丧失、懒惰散漫。这些原因都在

一定程度上阻碍了学生对大学英语课程的学习。

（二）大学英语教与学目的的新思考

大学英语课程面对的是非英语专业的学生，其在整体教学体系中的地位是通识教育中的基础课，大学英语教师在设定教学目的和教学计划时要以此为前提，摆正心态。学生在学习期间应合理地规划学习目的和学习进程，不仅要充分利用课堂时间与老师交流互动，课余时间也可以好好计划，整体提升英语能力。

1.转变意识，变学科为工具

英语对于大部分学生来说就是取得学分的一门普通学科，这一观念亟待纠正。它作为一门语言学科，承担了语言交流和文化拓展等一系列的任务。大一、大二的学生在学习时还没有及时转变高中英语学习的方法和学习习惯，课堂上的"沉默派"占据大多数。课上埋头记笔记，课下完成作业，两年过去还是无法张口说出一句标准的英语。正如一些老师调侃道，"教学方法再精湛的老师也撬不开不想张开的嘴"。解决这一问题的关键是需要在一定程度上调整教师的教学目标同时影响学生转变英语学习的目的，摒弃分数和学科论，不仅仅把英语当作一门学科来学习和讲授，而是正确面对其实用性和工具性，这里有必要明确一点，实用性绝不是以考核通过率作为教学行为和学习行为的出发点，而是以提高学生终生英语使用率为目标。

2.体验文化差异，激发接触兴趣

大学英语教师不应把大学英语教学局限在讲解语法、知识点以及课文背景知识上。教师需要注意到，我们面对的学生并不是专业的英语系学生，他们有不同的专业方向，同时，大学英语的课堂时间又极其有限，因此我们决不能把精力都耗在学生掌握了多少个单词和词组上。此外，今天的学生也不是10年前的学生，他们掌握更丰富的学习资源，拥有更开阔的视野和思维，当然对课堂的需求和期待就更加提升。

基于此，大学英语教师不仅要夯实专业知识和教学本领，更重要的还要及时吸收新鲜的知识，汲取西方文化的精华，为激发学生的兴趣设计不同类型的体验活动。如组织学生进行英文电影配音大赛，学生在了解电影文化背景的基础上，用自己的声音饰演不同的角色，不仅能够激发其表演的热情，

对纠正其发音以及提升英语学习兴趣方面的功效绝不是一两节课能够比拟的。

3.从基础英语到专业外语

以农业专业的学生为例，怎样在众多基础学科中找到自己的"生存位置"并且受到学生的重视，这就要考验到英语教师的智慧了。首先需要明确学生学习专业学科是专业化人才培养的必然要求，基础类学科具有通识教育功能但往往容易受到忽略，那么是否可以将基础课向专业课靠拢，变基础为专业，发挥英语语言学科的优势，在国际化交流无孔不入的时代，任何一门专业都是和语言分不开的。其次，在大学英语课堂上，可以在基础英语的教学中，涉及更多与学生专业知识相关的语言内容。面对农业专业学生，可以增加农业相关的专业术语，设计农业沟通的英文交流环节，这些适度的调整都将对学生英语学习动机和学习效果产生巨大的积极影响。

总之，学习效果和教学效果均以学习和教学目的为前提，面对大学英语教与学中出现的问题，我们可以适当地调整，利用恰当的方法引导学生的学习行为。

三、"思维导图"优化农业院校英语教与学的实践与思考

（一）在教学中创设"思维导图"的必要性

1.培养学生的学习策略

在多媒体环境下，通过结构清晰的思维导图可以使知识点通过中心词一级一级地被展现出来。思维导图丰富的色彩可以激发思维，完善的超级链接功能可以使学习事半功倍并且便于理清思维脉络和回顾整个思维过程，及时评估并不断修正，从而形成自己的学习策略。

2.训练了学生的发散思维

思维导图运用图形化技术来表达人类思维的分散性特质。经过思维导图制作训练的学生思考问题时能从问题焦点出发，在不同的分支上发散和延伸，用联想发散法去学习和记忆英语，就会便于记忆和掌握，能收到事半功倍的学习效果。

3.挖掘出学生内在的智力资源

思维导图便于理清思维脉络和回顾整个思维过程，更能有效地促进知识

的创新，不仅扩展了思维的深度与广度，而且在不同智能之间架起了沟通的桥梁。思维导图开拓的形式、宽松的氛围非常有利于学生创新思维和能力的发展，这正是素质教育的深层次目标。

（二）"思维导图"设计实例

在研究如何更好地在教学中创设"思维导图"，笔者进行了教学实践，有了更深的理解，具体可以体现以下：

1.利用思维导图复习单词

利用英语单词多义词和同音异义词，词缀和词根复习单词。例如：

（1）-ful，形容词后缀，beautiful，wonderful，helpful，truthful。

（2）-ous，形容词后缀，dangerous，generous，courageous，various。

（3）-en，表示"使成为，引起，使有"quicken，weaken，soften，harden。

（4）-fy，表示"使……化，使成"beautify，purify，intensify，signify，simplify。

（5）-ish，表示"使，令"，finish，abolish，diminish，establish。

（6）-er，表示"从事某种职业的人，某地区，地方的人"banker，observer，Londoner，villager。

2.利用思维导图理解语篇

一个精彩的故事，一定会有一条贯穿始终的线索，一堂围绕教学目标而设置一系列活动的英语课同样离不开一条精心设计的主线。使用脑中构图的方法记忆信息，将你阅读到的信息构成一副彩色的文字图案。

3.利用思维导图背诵课文

在缺乏语言环境的条件下，大量背诵课文是最有效的方法之一。将课文的逻辑结构和句子间的关系表示为思维导图，学习者看着思维导图复述课文，就像拿着地图走路一样。注意：思维导图是不需要背诵的。因此，仅此一点，就可以节约大约一半的记忆时间。

一条明晰新颖的"思维导图"就好比一条精品旅游路线，能把学生带进一处处风光秀丽的景点，使一堂课显得有条有理，环环相扣，而且重点突出，层层拓展。学生借助于"思维导图"把复杂内隐的思维过程呈现出来，有趣而生动，此法"偷懒"而不"偷工"，我深信思维导图在英语教与学中都大有用武之地。

四、和谐师生关系下的农业院校英语教与学

师生关系是班级中主要的人际关系，人际关系气氛不论好坏，都是最具影响力的心理环境。师生关系良好与否，直接影响班级成员的认知、情绪、行为、倾向甚至影响个性的改变。只有在师生情感相容、心理相通的基础上，其教育教学才能为学生所接受，是每个学生都能精神饱满、情绪愉快地学习。英语是一门实践性很强的工具课，需要学生大量的语言实践，培养他们运用语言的能力，需要学生主体参与学习活动。学生只有在和谐的课堂气氛中，身心得以放松，思维催向活跃，这样学生学得更快、更轻松。

（一）以人为本，不必对学生有错必究

俗话说"金无足赤，人无完人"。学生是人，同样有尊严和自信的需要，个人价值体现的需要。有错必究有时会让学生自觉无地自容，同时，它老是让学生体验失败的痛苦，容易使学生形成顺从、胆小怕事的性格，表现出缩手缩脚，顾虑重重，缺乏判断力和创造力。更为严重的是，有错必究，易让学生产生逆反心理，对抗情绪，严重影响师生关系。学生需要老师的尊重和理解，宽容和善待，微笑与鼓励。在学生的成长过程中，教师所扮演的角色应该是协调者，辅导者，参与者和激励者。

（二）师生心理相容，爱教乐学

学生良好的思想要靠老师去培养、塑造，有道是：亲其师信其道。在这种情况下，学生会把老师当作可以信赖的人，愿意向老师透露心声，会自觉地、愉快的接受教育和劝告。我一直坚信：表扬永远比批评好，奖励总比惩罚好。课堂上学生们总能听到我的表扬声和安慰声："You're great! Not bad! You're very good! Well done! Go for it! Keep trying! Take it easy!"教师要以无私的敬业精神，渊博的科学知识和高超的管理艺术对学生施加影响，树立威信，使学生信服自己，甚至崇拜自己。学生是课堂学习活动的主体，教师应

该注重培养学生独立的学习能力，让他们更多地自主学习、有独立思考的时间与空间，让学生在学习中学会如何去获得知识的方法，以达到培养创新的意识，提高创新能力的目的。

主体性的课堂教学是师生共同参与，相应交流的多边活动。是什么平等民主合作的交往关系，能使课堂更自由开放、更富有情景性，更利于学生的主动参与。教师在教学的设计和安排上必须更加注意课堂新颖有创意，以便更好地调动和发挥学生的主体性，使他们真正成为学习的主角。

（三）信任学生，营造创新气氛

英语课堂教学中每一教学步骤都应多设信息沟，层层递进，可根据一定的教学内容或语言材料，设计适量灵活性较大的思考题，或让学生从同一来源的材料或信息中探究不同答案，培养学生积极求异的思维能力。设计此类思考题，让学生进行讨论、争论、辩论，既调动了学生积极运用语言材料组织新的语言内容，又训练了他们从同一信息中求异的思维能力。

当学生对这类讨论性问题产生兴趣时，他们会不畏艰难、积极主动地学习，教师应不失时机地给学生创造学习英语的氛围，加强语言信息的刺激，营造创新的教学氛围。充分信任学生，让其充满自信。对小学生来说，批评是一种阻碍其发展的因素。学生一旦在课堂上受到了批评，他就不会积极参与课堂的教学活动。所以，在课堂的教学中，鼓励性的话语对于学生来说很重要，让他们在学习过程中获得一定的成就感，培养学生的自信心，这样他们才有信心继续学下去。

英语课堂中，我们可以采用多种方法，通过多种途径，引导和激励全体学生的主体参与，锐意创新。教师在教学过程的设计和安排要注意发挥学生主体性，尊重学生的独立人格，激发学生探究欲望，想方设法培养其获得知识，创造性运用知识的能力。

和谐、良好的师生关系对学生产生良好的人际吸引力，在心理上表现为学生对老师的尊敬、信赖和亲近，在行动上表现为主动接受和服从老师的教导，从而为教学教育取得成效创造有利条件。

第三节　营造良好环境

农业院校英语校园环境建设应作为农业院校英语教学中的一项教学任务视之，原因就在于英语环境建设对农业院校英语教学的促进作用和正面积极的影响，所以应得到农业院校英语教师和农业院校的重视，将其列入农业院校英语教学中，按照教学计划或教学任务的整体部署，有计划、有组织地营造出农业院校英语校园环境。

一、农业院校英语校园环境建设的内涵

农业院校英语校园环境建设是指在农业院校内展开的英语推广行为，具体来说，就是使农业大学校园充满英语的氛围，使农业院校学生生活在具有英语气息的环境中，从而将英语放到农业院校学生触手可及的地方，帮助农业院校学生感受英语、体会英语、接触英语，以外在的英语环境促动农业院校学生的英语学习。同时，农业院校英语校园环境建设也能丰富农业院校的校园文化，使农业院校与国际元素接轨，进而使农业院校校园的文化更多元、更全面、更多彩。

农业院校英语校园环境建设能够带动农业院校学生英语学习的热情，促使农业院校学生在英语环境的影响下更有效地进行英语学习，使农业院校学生对英语不再陌生；能够改善农业院校校园的外在环境，使英语走进农业院校校园，使农业院校校园呈现出富有英语元素的氛围，从而将农业院校英语教学与农业院校校园建设相联系，相互辅助，互惠互利。

二、营造农业院校英语校园环境

(一)构建开放式的农业院校英语第二课堂活动

农业院校英语相关活动的举行能够带动农业院校整体校园文化的走向，从而以英语活动促进英语环境的形成，因此，农业院校英语校园环境的营造与农业院校英语活动的举行之间是密不可分的关系，也是农业院校英语校园环境构建重要的途径之一。农业院校英语课下活动的举行可以农业院校英语第二课堂为载体进行实施，换而言之，农业院校英语第二课堂活动就是农业院校英语活动的集中体现，农业院校英语教师或农业院校英语社团可以英语第二课堂的名义进行宣传，从而为农业院校英语课下活动创设一个统一的组织，也便于对农业院校英语课下活动进行统一的管理。

农业院校英语第二课堂活动可根据农业院校英语教师授课的需要或课程的推进而设置，或是从调动农业院校学生英语学习积极性或兴趣的角度进行组织与运行，或是根据农业院校的教学方针而设置等，总之，只要是满足三个条件的活动，第一个是与英语相关联，第二个是有利于农业院校学生的英语学习，第三个是具有可实施性，都可进行组织。农业院校英语第二课堂活动应尽可能多举行活动，只有多举行活动，英语才会在农业院校学生心理具有存在感，才能激励农业院校学生进行实效性学习。但农业院校英语第二课堂活动的举行也不能以混乱的形式进行，这就需要农业院校英语教师对农业院校英语第二课堂活动进行总体的规划，从大局的角度安排相关英语活动的开展，以一种有条不紊、循序渐进的方式推动农业院校英语活动，从而将农业院校英语第二课堂有效地继续下去，为营造农业院校英语校园环境而不断努力。

为了将农业院校英语第二课堂活动与营造农业院校英语校园环境相契合，可以组织"英语礼貌用语宣传"活动，活动的目的就是教授农业院校学生如何使用英语礼貌用语和鼓励农业院校学生使用英语礼貌用语，从而纠正农业院校学生中英语礼貌用语使用不当的情况，为农业院校校园创设一个礼貌、和谐的环境氛围；可以组织"励志英语宣传语粘贴"活动，在农业院校校园内粘贴一些励志性的英语词汇或有激励、鼓励性质的英语句子，激发农业院校学生勇于面对人生、乐于进行挑战，即使在面对学习和生活中的种种不如意也能笑对人生、敢于面对。农业院校学生所处于的人生阶段是最易出现思想波动的年纪，他们走入大学的校园，又即将完全走入社会，所遇到的事情与以往又存在很大的不同，面对这样的环境，农业院校学生会有纠结、彷徨等情绪在其中，因此，农业院校教育中应对农业院校学生进行正确人生观、世界观的引导，使农业院校学生对未来充满信心。面对此种情况，农业院校英语教育也是责无旁贷，也应在农业院校英语教育的过程中对农业院校学生起到有效引导的作用，使农业院校学生在学习英语的同时也受到心灵的指引和激励，更加积极、努力地面对人生。而"励志英语宣传语粘贴"活动就是发挥农业院校英语教学对农业院校学生的引导作用而创设的一种外在感知环境，以外在环境对农业院校学生进行有效的引导，为农业院校学生输入更多、更积极的思想元素；可以组织"校园英语公示语规范化"活动，针对农业院校内的英文标识进行排查与纠错，将不完善或不正确的公示语进行拍照，然后进行整理，提出改正的意见，最后形成报告，上报农业院校的有关部门。"校园英语公示语规范化"活动是对农业院校内的公示语进行梳理的过程，通过对英语公示语的规范能够使农业院校校园内英语表达地更加准确，更有利于外在英语环境的构建，也有利于农业院校学生输入正确的英语信息，所以"校园英语公示语规范化"活动是十分必要的。"校园英语公示语规范化"活动需要农业院校英语教师参与其中，目的就是帮助农业院校学生发现问题，而解决问题的过程就是农业院校学生自我探索的过程，农业院校英语教师不需完全参与，只需进行协助即可。解决问题的过程是农业院校学生查阅资料、查找问题根源的过程，在这个过程中，农业院校学生的英语辨识力能够得到提高，对英语词汇和表达方式的运用也能得到进一步的认知，因此，十分有必要让农业院校学生在这一过程中不断地探索和思考，以此给予农业院校学生充分锻炼的机会。

（二）充分发挥农业院校英语广播电台的作用

校园广播构成了大学生活中的一部分，不仅以前如此，现今每当早晨七点到八点之间或是午时十二点，校园广播都会准时播报，或是播报国家大事或是播报人文趣事或是播报其他有价值的信息等等，而英语广播作为校园广播中的一部分，也有着其固定播报的时间，也受到很多农业院校学生的喜欢和收听，所以农业院校英语广播电台的影响力是极高和极广的。

什么样的内容能够作为农业院校英语广播电台播放的内容应是首要考虑的问题。如果英语广播电台的内容具有内吸力，能够吸引农业院校学生对农业院校的英语广播充满期待，愿意花费精力和时间收听广播，那么英语广播电台就会对农业院校英语校园环境的构成起到积极、正面的引领，但如果英语广播电台的内容不能对农业院校学生起到吸引的作用，那么农业院校学生自然也就不会收听，甚至也不愿意收听英语广播电台的节目，对农业院校英语校园环境的构成也就是妄谈。因此，应在农业院校英语广播电台内容的构成上下功夫，要尽可能将内容设计得富有内涵、引人注目，深深地抓住农业院校学生的注意力，促使农业院校学生对英语广播内容主动性地进行收听，从而达到提高农业院校学生英语学习能力和构建农业院校英语校园环境的目的。

农业院校英语广播可增加互动性的环节。农业院校英语广播电台可建立自己的微信号，然后通过微信平台与农业院校学生形成互动。英语广播互动性的内容可以是某个话题个人观点的陈述，如英语广播员可以"在农业院校是否应该学习英语"为题，展开话题的讨论，通过微信平台的互动情况，时时为收听广播的农业院校学生播报微信平台的互动信息，以此形成农业院校英语广播平台与农业院校学生之间的互动，既达到了英语交流的目的，也能将农业院校学生带入话题的讨论，是一举两得的行为。除了微信互动，热线电话互动的形式也可行，而且热线电话的形式则为更加直接、更加便捷地表达农业院校学生的想法，比微信文字性的表述也更能锻炼农业院校学生的英语表达力和英语思维能力，所以推荐其作为农业院校英语广播互动环节的应用形式。

（三）创建农业院校电子英语校报

之所以运用电子英语校报的形式营造农业院校英语校园环境是出于电子英语校报成本低，不像纸质版那样会造成纸张的浪费，而且具有极大、极广的传播能力，所以电子版作为英语校报的出刊形式是值得推荐的。

农业院校电子英语校报的制作要与农业院校总体的教育宗旨相吻合，不要涉及任何与政治立场有关的言论与观点，只是以为农业院校学生增加一个与英语接触的途径为目的而发行。对于农业院校学生来说，不论什么形式的英语教育途径，首先就要将"吸引力"作为首要考虑的因素，这与农业院校学生自身的英语学习能力和认知程度有直接的关系，所以"吸引力"必然成为英语教学重点考虑的对象和必须着重强调的因素，因此，农业院校英语教师一定要对农业院校电子英语校报内容的"吸引力"程度进行严格把关，这样才能保证电子英语校报的点击率，才能使农业院校学生真真正正享受到英语带给他们的内在引力。农业院校电子英语校报的内容也要尽可能地浅显易懂，能够符合农业院校学生的英语需求，不能太过高深，具有很大的难度，如直接从外文报纸上拷贝下来的英语内容就不符合农业院校学生的英语阅读需求，而且外文报纸上的内容一般都是时事性较强，内容也较正式，所以对于农业院校学生的认知能力来说，受众面较窄，不能对农业院校学生起到促进阅读的作用。

农业院校英语教学需要英语校园环境与之相辅助，进而以外在的英语情景加深农业院校学生对英语学习的深度和广度，推动农业院校学生更好的熟悉英语、掌握英语。农业院校英语教师可以以英语活动为外在实践的载体，以英语广播电台为外在传播的途径，以电子英语校报为外在感官传播的方式，将实践、传播和感官三位一体化，为农业院校英语教学的有效实施和农业院校学生的高效学习营造出极佳的外在英语校园环境。但同时，农业院校英语校园环境的营造也并非短期就能实现的，农业院校英语教师应做好长期构建的准备，从长远构建的角度，有计划、有举措地逐渐构建、完善，并可在此过程中不断的优化，推动农业院校英语校园环境的最终形成。

第八章

农业人才英语能力培养的
典型案例

第一节　垦区人才英语能力磨蚀的背景研究

一、语言磨蚀的定义

由于磨蚀研究还是比较新的研究领域，不同的学者研究视角也不尽相同，出现了不同的定义。早期语言磨蚀研究里的"磨蚀"通常被看成是语言丢失、语言迁移，甚至语言消亡的同义词，新近的研究成果表明，它们是三个不同的术语，指代不同的语际接触结果。

（一）国外的定义

钟守满、孙崇飞对语言磨蚀国外学者的定义进行了梳理：最早将语言磨蚀现象引入语言学研究领域的 Lambert，他将语言磨蚀现象定义为："个体或整个语言社团全体成员某种语言整体或部分的丢失，也指处于双语环境中的语言持有者母语使用技能的减退或少数民族成员在语际交往中，由于政治或经济等因素影响而产生的一种语言代替另一种语言的现象。

Kopke根据定义关注的角度不同，将定义大致分为五种：

（1）基于语言学研究方法，注重语言结构。Kaufman等人认为是"母语结构纳入到二语中"的过程；Seliger 等人认为是"母语结构的瓦解"；Vago等人认为是"结构上发生的任何偏离都可被视为语言磨蚀"。

（2）基于社会语言学研究方法，注重语言在语言社团中的使用。Jaspaert & Kroon将其定义为"给个体间或语言社团成员间带来交际困难的语言变化"，并进一步指出，它是"语言技能因语言使用受限而逐渐磨损的过程"。

Waas则认为是"一种自然现象，普遍表现为语际接触中说话者不再掌握某种语言"。

（3）基于心理或神经语言学研究方法，关注言语行为。Oxford认为"是语言熟练性的丢失"，Sharwood Smith认为"是语言可及性的降低"；olshtain

则指出，是"因使用的减少而造成的"；Ammerlaan则认为"是一种遗忘，它可以被描述为对某种语言知识产生负作用的或起限制性作用的一种语言变化……"。

（4）多种研究方法的综合，注重语言规则意识。Py认为，语言磨蚀"来源于由言语多样性、积极溯及力（即它会破坏规则）、语言功能范围的缩减所引起的规则意识衰减"。

（5）关注语言磨蚀的程度。Myers-Scotton认为"'语言磨蚀'这个术语暗示着走向语言丢失的第一步"。Kopke认为语言磨蚀即语言习得的逆过程，指双语或多语使用者由于某种语言使用的减少或停止，其运用该语言的能力随着时间的推移而逐渐减退。Bardovi-Harlig & Stringer将语言磨蚀定义为："指因与多数语言（majority languages）接触而造成的个人或语言社团集体成员在病理和非病理环境中语言丢失的现象。"

（二）国内的定义

语言磨蚀理论在国内的研究起步较晚，2000年以后才慢慢地在国内引起了研究者们的注意。2003年钟书能将language attrition译为语言流损，并对Tomiyama的语言流损实证研究作了简略的介绍，认为语言流损指个人或语言社团的任何语言或语言某一方面的流损，有别于病理性语言流损。李萍、郑树棠将其译为语言损耗，指随着未使用时间的延长，词汇和句法方面的知识及其产出性和接受性技能的减退和弱化。蔡寒松，周榕认为语言耗损指的是第二语言或外语学习者在接受语言教学之后由于经过若干时间（例如数月、数年乃至数十年）不使用而产生的第二语言或外语技能和知识丧失或退化的现象。亦可指操母语者生活在第二语言环境中而产生的母语技能退化和丧失的现象。倪传斌提出"语言磨蚀"，即语言习得的逆过程，指双语或多语使用者由于某种语言使用的减少或停止，其运用该语言的能力随着时间的推移而逐渐减退。李可夫将其定义为：语言磨蚀是某种语言（第一语言、第二语言或外语）在特定的语言环境中（第一语言环境、第二语言环境或外语环境）受该语言的语言因素（词汇、词素、句法等）或非语言因素（情感、动机、语言使用的减少或停止等）影响而出现的言语行为或言语能力的衰减现象，具有非病理性、渐变性、可逆性和反复性等特征。不难看出，随着研究的深入发展，语言磨蚀的定义也日趋成熟和全面。"我们发现语言磨蚀概念包含几个基本要素：首先，语言磨蚀现象是代内现象，而不是代间现象，即语言磨蚀不会遗传或通过其他方式传递到下一代。其次，语言磨蚀现象是非病理现象。众所周知，许多病疾可以导致语言技能的缺失，如由于神经中枢病损而导致的抽象信号思维障碍，从而丧失文字，口语能力的失语症，以及其他由中风、脑瘫等疾病引起的语言技能的缺失都不在语言磨蚀研究的范围之内。再者，磨蚀语以及语言磨蚀发生的背景具有多样性的特点"。

从国内外的定义研究来看，不难看出，语言磨蚀现象的发生是自然而非病理性的过程。它可以是第一语言、第二语言或者是外语的磨蚀，语言磨蚀发生的主要原因是随着时间的推移由于使用者对于该门语言使用的减少而产生的语言知识或语言技能的退化和遗失现象。

二、国内英语磨蚀研究综述

语言磨蚀作为语言习得的逆过程，指的是双语或多语使用者，由于某种语言使用的减少或停止，其运用该语言的能力会随着时间的推移而逐渐减退的现象。王湘云认为语蚀的内部机制是语言学习者的态度与动机、文化程度、与目的语的接触频率几者共同作用的结果，目的语文化氛围、另一种处于优势地位的语言的干扰则会通过外部作用影响语言磨蚀的进程。语言磨蚀包括母语磨蚀和二语磨蚀，本文主要探讨的是汉语语境下的英语磨蚀，故属于后者。

国外语言磨蚀真正成为一门学科始于1980年，而在我国，直到2003年钟书能介绍了Tomiyama的语言损耗实证研究，才使其逐渐受到了相关学者的关注。纵观这十余年的研究历程，有的是对国外已有研究理论的介绍和推广，有的则是依据有关理论结合中国英语教学的实际情况进行案例研究。本文将从语言层面、认知层面和社会心理层面对国内英语磨蚀研究成果进行综述。

（一）英语磨蚀的语言层面研究

英语磨蚀的语言层面研究指的是对于英语本体的研究，具体来说，主要表现在两个方面，其一是英语语言技能的磨蚀研究，即阅读磨蚀、听力磨蚀、口语磨蚀和写作磨蚀，其二是英语语言体系的磨蚀研究，即词汇磨蚀、语音磨蚀和语法磨蚀。

1.语言技能的磨蚀研究

（1）阅读磨蚀。阅读磨蚀研究主要集中于以下两方面。

第一，对阅读磨蚀影响因素的探究，具体的有性别、接触方式和磨蚀前语言水平。马玉玲、汤朝菊通过对72名非英语专业大学生进行问卷调查和抽样测试，探讨性别和接触英语的方式对于英语阅读能力磨蚀的影响。调查结果显示，男生阅读能力磨蚀程度大于女生；英语学习者如若在正式的英语课堂学习结束后，仅通过"娱乐性、非正式"的渠道接触英语，就无法阻止阅读能力的磨蚀。汤朝菊指出，外语阅读能力磨蚀前水平与阅读能力磨蚀程度呈负相关。

第二，对语言磨蚀理论指导下的英语阅读教学方式的探究。张晶提出了改善我国英语学习者磨蚀速度快这一现状的具体路径，即立足于英语语言的特质，形成"植入性"教学观点。她倡导课堂中实际情境的创设，组织有效的阅读教学活动，从而化外语磨蚀的消极影响为积极影响。

（2）听力磨蚀。听力磨蚀在我国鲜有涉及，仅有两篇相关文献。刘云霞采用案例分析法试图探究语言学能与听力磨蚀的关系。结果显示，语言学能与磨蚀后听力水平存在正相关。卢卓对地方性本科院校大学生英语听力磨蚀进行了实证研究，揭示了英语接触量、学习态度对于听力磨蚀的影响。

（3）口语磨蚀。口语磨蚀研究围绕现状调查和解决方案探析两方面展开。首先，于中根通过调查发现英语学习者在暑假后口语能力发生了明显的磨蚀，并对这一现象产生的原因进行了合理的揣测，即暑假期间学生英语学习活动明显减少，英语学习动机显著减弱，这一方面直接导致了口语能力的磨蚀，另一方面导致了学习者学习信心的缺乏从而引起了口语的磨蚀。其次，刘庭华从口语磨蚀的问题解决角度试图探讨大学英语口语后续教学研究方案。他指出可以通过增加学生语言输出、增强语言输入的使用程度以减少大学生口语磨蚀。

（4）写作磨蚀。写作磨蚀的研究主要集中于两个方面，即写作磨蚀的现状研究和写作抗磨蚀策略研究。

就前者而言，于中根通过测试受试者写作能力，发现女生写作能力在切题性、连贯性和清楚性方面的磨蚀程度大于男生，而在语言正确性方面则没有明显超过男生。纪小凌设置了免修组学生和非免修组学生，通过记录并分析学生写作的语言流利度、句式复杂度、语言准确度、词汇复杂度和整体语言质量，发现免修组学生除了在句式复杂度之外，其余每个维度都出现了磨蚀；非免修组仅在语言准确度和文本长度中有所磨蚀，且磨蚀程度明显小于免修组学生。

就后者而言，田建国和王青华从两个不同的角度展开，田建国提出写作策略的练习和使用能有效减少外语磨蚀，王青华则呼吁讨论式教学以期将思维能力的培养渗透在外语写作抗磨蚀教学之中。

综上，英语语言技能的磨蚀研究成果较为丰硕的是阅读磨蚀和写作磨蚀，而听力和口语磨蚀研究则有待深入。这种研究的倾向性与集中性主要源于两个方面的考虑，其一在于听力与口语磨蚀相对而言内隐程度高，不易外显，这给调查、量化带来了实际操作上的困难；其二在于阅读与写作在我国当前英语测试中所占权重较大，而口语几乎被挤到了边缘，现实的呼唤使得相关学者不得不在研究主题的选择上产生了倾斜。

2.语言体系的磨蚀研究

（1）词汇磨蚀。词汇磨蚀由于其"残留"成分多，研究方法操作性强、研究结果量化程度高，一直是二语磨蚀领域中的研究重点。词汇磨蚀研究成果主要体现在四个方面。

首先，体现在对二语词汇磨蚀的表征研究，具体来说就是对易蚀成分的语言学分析。从词频上来看，低频词更易受到磨蚀；从词性上来看，倪传斌认为名词比动词更易受磨蚀，而金晓兵认为到目前为止词性是否会对词汇磨蚀产生影响并不能确定；从词素上来看，词素会影响词汇的提取进而间接地影响词汇磨蚀的进程；从语义上来看，"由于同一语义场内的词语间上下义的搭配关系的联系比较紧密"，故发生了二语磨蚀。

其次是对词汇磨蚀过程的探讨。倪传斌通过对116名中国大学毕业生进行接受性词汇测量，验证了外语词汇在磨蚀过程中表现出的回归性，这种回归性具体表现为"先学习的外语词汇，后磨蚀"。同时，倪传斌采用同样的方法进行测试，得出了外语磨蚀经历了"前快—中稳——后快"的动态过程这一结论。

再次是词汇磨蚀的相关性研究，这主要表现在动机、英语水平、学习策略等对英语词汇磨蚀的影响上。李奕通过调查指出动机与词汇磨蚀呈负相关，持工具型动机的英语学习者词汇磨蚀程度要大于持综合型动机的学习者，动机强度也会在一定程度上影响词汇磨蚀；刘巍采用词汇测试和问卷调查的形式考察农业院校学生词汇磨蚀的现状，结果表明英语水平与词汇磨蚀量呈负相关；校玉萍则证实了词汇学习策略会对二语词汇磨蚀产生重要影响，目前研究较广的认知策略和上下文策略都可以有效减少词汇磨蚀，而未受广泛关注的社会情感策略在抗词汇磨蚀方面的作用是"延迟显现和逐渐扩大的"。

最后是对抗词汇磨蚀的教学路径和方法的探讨。袁德玉倡导通过勤练习目的语、培养学生的创造性思维以减少英语学习者的词汇磨蚀，李桂艳则呼吁加大英语的输入量以确保学生能够在英语磨蚀前达到"关键阈时期"。

（2）语音磨蚀。在中国知网上以"语音、磨蚀"为关键词搜索到的文献仅有两篇，且皆出于同一位学者，由此可以看出目前我国就这一方面的研究还比较匮乏。该学者通过实证研究，发现语音磨蚀时间越长，磨蚀的程度也就越大。该学者指出语音磨蚀的可能原因在于中英发音方式的差异、对语音的相对忽视以及对于一些语音错误发音的过高的容忍度，并提出了一些创造性解决方法，如开设语音选修课、增强教师自身语音素养、注重英汉语音的区别教学等等。

（3）语法磨蚀。当前国内语法磨蚀的研究主要围绕以下三个方面展开。

首先，对语法是否耐磨蚀的探究及其原因探析。翟康从语言系统的开放性论述：语法由于受到系统和结构的制约，开放性最差；又由于语法系统具有高度的抽象性，故相对而言比较封闭。这两方面的特点决定了语法相较于词汇而言更耐磨蚀。

其次，对某一种语法现象磨蚀的实证研究，如关系从句磨蚀、否定结构磨蚀、主谓一致磨蚀、语法语素磨蚀顺序、时态磨蚀等等，这其中又以前四者为甚。

最后，基于语言磨蚀理论探讨对于我国英语语法教学的启示。邓欢指出，当前国内英语语法教学旨在培养、增强学生的语言交际能力，然而并未收到预期的成效，主要原因在于在语法教学的实践仍以语法翻译法为主。这种教学理念和实践上的差异使得语法教学成效甚微，语法磨蚀严重。因此，应当将语法教学融合于篇章中，同时大幅度增加语篇实践操练，在这一过程中师生积极地面对语法，从认知和心理层面减少语法磨蚀。

综上所述，语言体系的磨蚀研究相较于语言技能的磨蚀研究来说，还是更为深入、全面的。其中，词汇磨蚀由于其易磨蚀的特点受到了更多学者的青睐；语法磨蚀，由于语法在我国当前教育现状尤其是应试背景下占有非常重要的地位，也吸引了相当一部分学者的目光。未来语音磨蚀的研究也许会随着交际教学法的进一步发展而受到更多的关注。

（二）英语磨蚀的认知层面研究

以上无论是语言体系的磨蚀研究还是语言技能的磨蚀研究，都是英语磨蚀的共性特征研究。在英语磨蚀的过程中，除了共性特征之外，不同学习者之间还存在着个体差异。接下来将从英语磨蚀个体差异的认知层面展开综述。

近年来，随着教学中心思想由如何教转向如何学，学习者的个体差异越来越受到关注，认知风格就是其中一个较为重要的因素。冯友兰基于对30名非英语专业大四学生的调查研究，发现场依存认知风格相较于场独立认知风格更有益于英语能力的维持。张璐对34名非英语专业学生调查发现场依存认知风格学习者在听力、阅读上更耐磨蚀，而场独立认知风格学习者在写作上更耐磨蚀。

认知风格导致的英语磨蚀的差异性对于我国英语教学有着深刻的借鉴意义，老师对于不同认知风格的学习者应在其易磨蚀的技能上采用多种教学方法减少磨蚀，或者发挥教师的导向作用，引导学生向有利于语言习得的认知风格转变。同时，也必须指出，当前英语磨蚀的认知层面研究对象局限于非英语专业学生，而对英语专业学生的认知风格对于英语磨蚀的影响未有涉及。

（三）英语磨蚀的社会心理层面研究

英语磨蚀的社会心理层面研究主要围绕英语学习者态度和动机展开，这二者也是学习者个体差异的具体表现。

态度指的是对于语言学习的心态。胡敏通过对34名已经毕业的各学科中学老师调查发现，语言态度与语言磨蚀呈显著性正相关，积极的语言态度学习者磨蚀程度远小于消极语言态度学习者，尤其表现在听力和写作技能上。

动机指的是对于外语学习的内心驱动力，对外语学习有着调节和驱动作用。彭菲指出我国大学生学习英语主要出于工具型动机，即为了应付考试。持有不同类型动机的学习者语言磨蚀程度也不尽相同，文化型动机学习者英语磨蚀程度小于工具型动机学习者和情境型动机学习者。

英语磨蚀社会心理层面的研究对我国英语教学有着深刻的启发：首先老师要积极引导学生树立正确的语言学习观念，即英语学习并不只是为了考试，同时也是交际的工具、拓宽视野的媒介；其次，通过各种课内外活动创造性地开发学生的情感资源；最后，培养学生良好的学习习惯，如自我监督、自我管理、自我调节等等。

虽然我国语言磨蚀研究起步较晚，但仍然在十几年的时间里取得了不俗的成绩。从研究类型上看，既有综述性理论介绍，也有结合具体教学现象的实证研究；从研究对象上看，语言磨蚀的受试者不仅包括学生，也逐渐涉及已经走上工作岗位的老师；从研究工具上看，既有调查问卷、相关测试卷，也有量表和仿真实验。从研究范围上看，既有侧重共性特征的语言技能磨蚀研究和语言体系磨蚀研究，也有侧重个性差异的英语磨蚀认知层面研究和英语磨蚀社会心理层面研究。

毋庸置疑，我国英语磨蚀研究是存在局限性的，这主要表现在两个方面。其一，就时间跨度而言，我国英语磨蚀研究的实验调查跨度多为几个月，至多不超过两年时间，这与国外语蚀研究的十几年甚至几十年的跨度相比较，就显得相形见绌。毫无疑问，时间跨度是影响语蚀研究信效度的重要因素。其二，就学科跨度而言，英语磨蚀研究需要与心理学、神经语言学、社会语言学等学科结合起来进行跨学科研究。

就目前看来，未来我国英语磨蚀研究还有较大的成长空间。从研究的广度上来说，鉴于目前的研究多局限于大学生英语磨蚀，可以考虑向义务教育阶段延伸；从研究的深度上来说，鉴于我国学者在英语磨蚀许多核心问题上存在不同意见，关于二语磨蚀理论本身还有待深入；从具体的研究切入点来说，英语磨蚀表现出的回归性与记忆中的首因效应、近因效应是一个值得深挖的研究点，二者是否有联系、有着怎样的联系，这对于英语教学甚至是自主学习有着借鉴和启发作用。

三、英语磨蚀现象对垦区英语教学的启示

1980年"语言技能磨蚀大会"在美国举行以后，语言磨蚀受到了教育学界的广泛关注。它指的是语言习得的逆过程，即语言使用者因为对于某种语言运用频率的下降或者暂时性中止而造成语言水平明显降低的情况。当前，基于语言习得的角度探讨提高垦区农业院校英语教学效果的研究相对较多，而语言磨蚀理论则是基于一个全新的视角来对这一问题展开探讨。

（一）英语磨蚀的相关因素分析

英语语言磨蚀的影响因素比较复杂，基本上包含以下几个方面：

1.磨蚀前的英语水平。大量探究显示，学习者的英语水平实际上与磨蚀的量以及速度成反比。换句话说，倘若学习者的英语水平愈高，那么腐蚀的程度就愈低，速度就愈慢。1984年Neisser提出，倘若学习者的外语水平达到"关键阈值"，那么语言耗损的速度将会逐渐趋于平缓，腐蚀的程度就愈小；而没有达到这一阈值的情况则正好相反。因此，学生应该提高自己的语言水平，以有效地抵抗词汇磨蚀。

2.与英语的接触频率。俗语说，不用则退。倘若学生每一星期安排一到两次英语课，亦或是自己每天坚持练习英语，频繁接触英语，那么腐蚀的速度就慢。反之，如果学生很少学习甚至不接触英语，那么英语磨蚀的速度就快。因此，学生应当经常和英语进行接触，将其头脑中的英语知识加以激活并进行巩固，防止或是减少语言损耗。

3.学习者的情感因素。学生的情感因素亦会对语言磨蚀造成很大的影响。相关研究显示，积极的愉悦的情感可以在很大程度上将学生对英语学习的积极性调动出来，让他们产生良好的心理学习状态，进而促使学习更为高效。

4.英语语言环境的缺乏。当前我国大部分学校的农业院校英语教学依然是教师在课堂上的讲解占据着主要地位，学生基本上很少在课堂上说英语，缺少语言学习的氛围。当然，这种情况是由许多因素导致的。其中一个非常重要的因素就是学生不具有深厚的语言基础，缺少自信，平时根本不敢开口说英语。语言得不到充分的运用，水平就将出现一定的下降。在我国，学生

的主体性地位无法充分凸显出来，会对于教学效果产生很大的影响。

（二）对垦区农业院校公共英语教学的启示

1.努力构建一个良好的课堂英语环境。教师应在平时的教学中对学生经常说英语，强化他们头脑中的英语知识，并让他们敢于开口说英语。唯有让学生经常开口说英语，才可以促使其英语水平得到显著的提升，帮助他们突破"关键阈值"，尽可能避免语言耗损。教师应设法创造英语环境，比如推广情景化教学，为学生创设情景式英语学习环境，如超市购物，加油站加油，名胜古迹旅游，职业培训，法律咨询等环境；播放学生喜欢的英语电影；发放学生喜欢的英语期刊杂志；让学生积极参加校园内外的英语沙龙、英语角活动等。上述此类活动均能够让学生更多地与英语接触，能够促使其英语水平得到显著提升。

2.重视学生学习兴趣、态度和动机的培养。首先，应该让学生能够了解掌握好英语的巨大优势与意义，促使其拥有一个正确的学习态度，让他们能够树立远大志向，产生强烈的学习动机。其次，实施相应的举措来激发他们的学习热情。例如选择学生相对比较有兴趣的英语教材；多采用启发式教学手段；有效应用多媒体资源展开教学等。

3.优化英语能力评价体系。传统的农业院校教学通常采用终结性评价，就是以学生的成绩作为基本依据来对其英语水平以及老师的教学水平进行评估。此种评价模式并不合理，应该把其和形成性评价有机地联系在一起作为评估的标准。内容亦不应当只有语言知识以及技能，还应当包含学生对学习所持的态度等。评价体系的多元化能够促使学生学习上的主观能动性被最大程度地激发出来，让他们能够积极展开学习，进而实现抵御语言磨蚀。

第二节　垦区人才英语能力磨蚀的效果研究

一、垦区农业院校大学英语词汇教学现状

（一）教师在词汇教学中存在的不足

当前，在大部分垦区农业院校的英语词汇教学中，教师一般采用的都是传统模式的教学方法，即对单词的记忆主要靠死记硬背或者只从简单的读音和基本用法等表象来进行教学，既没有对词汇的含义进行深挖，也没有从文化背景的角度对词汇进行深刻的讲解，由此一来，学生接受得快、忘得也快。另外，有一些教师为了节约时间，将词汇的学习和记忆都留给学生在课余时间来进行，不仅加重了学生的课业负担，还可能造成学生对英语词汇的错误理解，最终导致教学收不到成效，学生对英语词汇的理解能力和应用能力也得不到提高的严重后果。

（二）大学生在词汇学习中产生的问题

大学生在英语词汇的学习过程中存在的问题可以概括为：第一，功利性太强。由于受到四六级考试的影响，许多大学生把通过等级考试当成词汇学习的唯一目的，在通过考试之后，由于不经常使用，忘记便是迟早的事了。第二，记忆方法不当。在教师传统教学方式的影响下，当前大学生在记忆词汇时，通常是采取重复朗读或重复默写的方法，这种死记硬背只能形成短期的记忆，时间一长就记不清了。第三，学习积极性不强。在教师没有强制要求的情形下，大学生基本很难真正对英语学习产生兴趣，更别提通过自己的努力提高词汇量，对词汇进行深入探讨了。

二、基于语言磨蚀理论对垦区农业院校大学英语词汇教学的应用分析

（一）加强垦区农业院校大学英语教学体制建设

垦区农业院校大学生英语水平受到磨蚀很大程度上是由于缺乏必要的英语学习环境造成的，因此，必须创新改革大学英语教育模式，加强体制建设。例如，各大农业院校可以根据本院校的具体状况选择性地开设大学英语词汇选修课，促进大学生词汇的深入学习。对于大三大四的高年级农业院校学生来说，由于他们的等级考试已经基本通过，英语学习的目的更多是为了考研以及为自己的专业服务，所以，针对这类学生，可以灵活性地设置一些英语辅导班来进行集中教学，或开展一些外国文化课程和实用英语口语课程，让学生在有利的环境中能够按照自己的需要来进行英语词汇学习。

（二）重视明示式课堂教学方法的使用

当前，中国大学英语习得的方法主要可以分为明示式和浸泡式两种，据相关资料显示，通过明示式习得的语言比浸泡式更能经受磨蚀的考验，也更有利于增强学习者的记忆能力。因此，在垦区农业院校的大学英语词汇教学中，教师应该积极创新教学理念和教学方式，采用明示式的教学方法，促进学生英语水平的提高。明示式教学的基本要求是，重视学生在英语表达方面的能力，引导他们养成用英语进行交流的行为习惯，在持续的使用中增加词汇记忆的耐磨蚀性。

（三）引导学生建立正确的学习动机

学生学习动机的正确树立是促进他们英语水平提高的基础，研究表明，学习者本身的情感构成与语言磨蚀产生的影响密切相关，学生的学习动机越正确，受到磨蚀的影响就越小。因此，垦区农业院校大学英语教师在具体的词汇教学中，要引导学生建立良好的学习态度，树立正确的学习观念。

语言磨蚀是大学英语词汇学习中不可避免要遇到的问题，在对磨蚀现象产生的原因和过程进行综合分析后，为了更好地促进大学英语的词汇教学工作，提高学生词汇记忆和应用抗磨蚀能力，必须从学校的体制建设、教师的

教学方法和学生的学习积极性等方面出发，找到应对语言磨蚀的方法并在实际的教学工作中加以有效应用，才能提高高校大学英语词汇教学的效率和质量，帮助学生在现有的英语水平上更上一层楼，促进自身英语学习应用能力的发展。

第三节　垦区人才英语能力磨蚀的策略研究

一、汉语环境之下影响英语的受蚀因素

（一）受蚀时间

学术界以及理论界在对该领域的相关问题进行分析以及研究的过程中强调，时间跨度会直接影响实际的受蚀程度。前期的受蚀程度非常深，中期不存在受蚀现象，后期的受蚀速度持续加快。因此对于语言学习者来说，首先是要保障个人外语的水平，只有这样才能够尽量避免外部不确定性因素所产生的各类影响。

（二）受蚀前的外语水平

作为影响语言磨蚀的重要因素以及关键环节，语言学习者在前期的外语水平会直接影响时间的磨蚀程度，同时，不同的外语水平对后期的磨蚀程度的影响力也存在一定的区分，一般来说，语言学习者个人的外语水平与实际的磨蚀程度以及磨蚀的速度呈现着完全相反的趋势。除此之外，如果个人的语言水平超过了一定的临界值，那么实际的英语水平将会保持相应的稳定态势，同时受蚀的程度就会有所减少。

（三）外语的习得方式

对于外语课堂教学来说，学生首先需要了解外语知识中的侧重点、应用要求和场景，因为这几点都会直接影响个人的外语受蚀程度。结合相关的实践调查可以看出，直接式以及浸泡式的外语学习方式能够有效地避免各种不确定性因素所产生的影响，保障个人的外语水平保持一个较为稳定的状态，尽量地避免语言磨蚀。

二、语言磨蚀模式理论对垦区农业院校英语教学的启示

（一）创设英语语言环境

在落实英语教学实践的过程中，因为缺乏良好的英语语境，因此许多学生只能在课堂之中完成相应英语课程的学习，无法在实践中与他人进行有效的应用。因此，课堂上应尽可能为学生创设说的机会，课后通过英语演讲比赛、情景剧比赛、口语角等活动来创设说英语、用英语的环境。

（二）提高磨蚀前的英语水平

如果从语言磨蚀的角度进行分析，那么对于学习者个人来说，要想保障个人外语水平的稳定性，除了需要有效地避免外语能力的磨蚀之外，还需要以英语学习的关键因素、实施情况以及个人的外语水平为立足点和核心。英语老师需要结合英语实践的情况，以培养学生的综合英语能力为立足点，保证学生能够掌握良好的英语技巧，提高英语耐磨蚀的程度。对于垦区农业院校学生来说，在学习以及实践的过程中必须要积极主动地接受老师的引导，加大语言的输入量，否则就难以真正地实现前期的目标水平。

（三）积极开设垦区农业英语后续课程

对于高级英语学习者来说要想真正地掌握英语学习的精神以及核心，在学习的过程中首先需要保障个人的英语水平能够达到不同阶段的实际要求以及目标，在毕业前的一年中，个人的英语水平处于快速的磨蚀时期，如果没有在该阶段采取针对性的解决策略进行刻意地维护，那么就会导致个人在毕业之后英语磨蚀较为严重。其中农业院校英语老师以及学校管理者必须要站在宏观发展的角度，积极开设高级英语后续课程，以此来对基础阶段进行有效地延伸以及拓展，在后续阶段教育的过程中，学校可以开设选修课以及第二课堂上，使其在完成学业之后顺利地走向工作岗位，实现个人英语专业水平的整体提升，更好地达到关键的目标水平，尽量避免语言磨蚀现象的产生。

（四）激发学生树立正确的英语学习动机

学习动机以及学习兴趣是提高个人英语水平的前提和基础，英语老师应积极地吸引学生的注意力，鼓励学生树立正确的英语学习动机，保证学生能够利用各种工具以及手段尽量地避免语言磨蚀现象的产生。学习者的动机如果能够实现工具性向综合性的转变，那么就能够有效地减少语言磨蚀，同时个人的英语综合学习能力能够得到有效的提升，英语老师需要将学生英语学习动机的激发以及教学模式的改革相结合，积极地建立完善英语教学评价机制以及体系，主动为学生提供更多重视实践操作的机会。

参考文献

[1] 于春梅.提高农业院校英语专业核心竞争力的对策研究[J].吉林农业科技学院学报，2013，（2）.

[2] 杨惠娟，史宏志，王景，张松涛.高等农业院校专业英语教学的思索与探讨[J].教育教学论坛，2015，（27）：148-149.

[3] 杨健.农业英语的语言特点与翻译策略[J].吉林广播电视大学学报，2014（5）：136-137.

[4] 卢鹿.ESP理论视角下农业学术英语写作课程设置及教学模式探析[J].河北农业大学学报（农林教育版），2016，18（2）：93-96.

[5] 潘丹丹.农业英语翻译初探[J].山西农经，2017（1）：126-127.

[6] 韩萍，朱万忠，魏红.转变教学理念，建立新的专业英语教学模式[J].外语界，2003，（2）：24-27.

[7] 蔡粤生.运用内容教学法提高农业院校学生的专业英语口语水平[J].高等农业教育，2005，（5）：69-71.

[8] 颜晓，吴建富，卢志红，魏宗强.农业资源与环境专业英语课程教学改革初探[J].教育教学论坛，2017，（1）：60-62.

[9] 於金生.农学专业英语教学改革探讨[J].教育教学论坛，2014，（43）：108-110.

[10] 赵杰.以人为本教育理念下的英语教学改进研究[J].高等农业教育，2017，（6）：84-87.

[11] 林金石和刘洁玉.农业资源与环境专业英语教学改革探讨[J].科技创新导报，2010，（35）：181-181.

[12] 何华.农业资源与环境专业英语教学中的几个问题[J].考试周刊，2017，（87）：128.

[13] 宋祥云，刘树堂，崔德杰，金胜爱，李旭霖，刘庆花，曾路生.农业资

源与环境专业英语教学的一点思考[J].科技信息，2013，（26）：192-192.

[14] 沈其荣，陈巍，徐阳春，张亚丽，钱凤英.农科本科专业课双语教学的实践与思考[J].中国农业教育，2004，（6）：44-46.

[15] 贺亚玲.国际农业交流合作视野下的农业科技人才英语水平提升策略[J].山西农经，2017（01）.

[16] 李丽.农产品企业商务英语应用浅见[J].知识经济，2017（05）.

[17] 贺亚玲.新时期背景下我国农产品外贸企业商务英语探析[J].中外企业家，2016（12）.

[18] 徐玉凤.农业工程专业英语课堂教学方法探索[J].农工程，2017，（02）：127-128.

[19] 张文娟.基于"产出导向法"的大学英语课堂教学实业践[J].外语与外语教学，2016，（02）：106-114.

[20] 杨淼.ESP教学模式下大学英语老师专业发展自主性的提升研究[J].教书育人，2018，（10）：44-45.

[21] 熊晓雪.论就业指导下的高校英语教学方法改革策略[J].湖北函授大学学报，2018，（08）：161-162.

[22] 王艳飞，张少恩，曹花娥.培养农业英语人才，促进中国农业与国际接轨[J].农业网络信息，2008（01）.

[23] 苏斐.论入世后我国农业人才的英语培训[J].南方农村，2003（04）.

[24] 赵光年.新型农民视角下农业院校农业类应用型人才培养模式研究[D].湖南农业大学，2008（12）.

[25] 翟瑞常.突出办学特色为垦区培养一流的应用型人才[J].高教科研（上册：校长论坛教育改革），2006.

[26] 石云龙.新形势下英语人才培养模式思考[J].江苏高教，2007（1）.

[27] 郑强.建构主义理论指导下的英语教学模式探索[J].教学与管理.2010（24）.

[28] 龙桃先.从任务型教学法看英专学生综合英语能力培养[J].长春理工大学学报.2010（12）.

[29] 黑玉清、董艳海、刘琳构.基于职业能力培养的商务英语人才培养模式[J].现代营销.2012（01）.

[30]   赵洋.英语专业创新型人才的培养[J].济南职业学院学报.2011（03）.

[31]   李晓莉.加强高职学生英语实用能力培养的思考[J].武汉船舶职业技术学院学报，2007，（4）.

[32]   唐杰.高职非英语专业学生英语能力社会需求的调查[J].辽宁教育行政学院学报，2007，（8）.

[33]   武徐霞.高职生英语阅读能力的培养[J].淮南职业技术学院学报，2001.

[34]   杨坚定，王金生，李波阳.入世前后大学毕业生的英语能力和需求调查对比[J].绍兴文理学院院报，2007（03）.

[35]   Dan Gao.Study on the Attrition of English Skills in Chinese Context[J].Computer Life, 2018，6（5）：52–57.